赤芝(袋料)
产地：山东

赤芝(椴木，未加工)
产地：安徽

紫芝（椴木）
产地：江西赣州寻坞

金边灵芝（椴木）
产地：湖南怀化

彩图 1　我国不同地区灵芝产品（部分）

彩图 2　灵芝孢子粉（左）、破壁
孢子粉（中）、多糖（右）

彩图 3　灵芝活体嫁接

彩图 4　灵芝绿色木霉侵染

彩图 5　夜蛾科幼虫

彩图 6　鸡㙡菌（左图）和长根菇（右图）

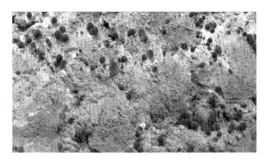

彩图 7　长根菇菌袋生理成熟

彩图 8　猴头菇粉红病

彩图 9　草菇幼菇死亡

彩图 10　草菇的白色石膏霉

彩图 11　草菇的褐色石膏霉

彩图 12　桑黄子实体

彩图 13　杨树桑黄

彩图 14　暴马桑黄

彩图 15　桑树桑黄

彩图 16　桑黄发酵干燥菌丝体

彩图 17　出黄管理

彩图 18　灰树花

彩图 19　灰树花白色菇

彩图 20　大杯伞

彩图 21　榆耳子实体

彩图 22　榆耳见光偏少

彩图 23　滑菇

怎样提高
珍稀食用菌种植效益

主　编　牛贞福　国淑梅　万鲁长

副主编　周学政　刘　永　马传贵　李岩杰

参　编　李贞赟　崔艳秋　张根平　冯木彩

　　　　殷兴华　周香芝　周爱国

机械工业出版社

本书较为全面地分析、总结了灵芝、羊肚菌、长根菇、猴头菇、草菇、鸡腿菇、大球盖菇等珍稀食用菌生产中的误区，着重介绍了珍稀食用菌的生长发育条件、栽培季节、栽培模式、菌袋（菌棒）制作、出菇管理等关键环节。本书内容新颖、翔实、图文并茂、通俗易懂，实用性、可操作性强，设有"提示""注意""提高效益途径"等小栏目，可以帮助读者更好地提高珍稀食用菌的种植效益。

本书适合从事珍稀食用菌生产的企业、合作社、菇农及农业技术研究人员、农业技术推广人员使用，也可供农业院校相关专业的师生参考阅读。

图书在版编目（CIP）数据

怎样提高珍稀食用菌种植效益/牛贞福，国淑梅，万鲁长主编. —北京：机械工业出版社，2024.5
（专家帮你提高效益）
ISBN 978-7-111-75461-9

Ⅰ. ①怎… Ⅱ. ①牛… ②国… ③万… Ⅲ. ①食用菌–蔬菜园艺　Ⅳ. ①S646

中国国家版本馆 CIP 数据核字（2024）第 061987 号

机械工业出版社（北京市百万庄大街22号　邮政编码100037）
策划编辑：高　伟　周晓伟　　责任编辑：高　伟　周晓伟　王　荣
责任校对：郑　婕　牟丽英　　责任印制：单爱军
保定市中画美凯印刷有限公司印刷
2024年5月第1版第1次印刷
145mm×210mm・9印张・2插页・283千字
标准书号：ISBN 978-7-111-75461-9
定价：49.80元

电话服务　　　　　　　　　　网络服务
客服电话：010-88361066　　机 工 官 网：www.cmpbook.com
　　　　　010-88379833　　机 工 官 博：weibo.com/cmp1952
　　　　　010-68326294　　金 书 网：www.golden-book.com
封底无防伪标均为盗版　　机工教育服务网：www.cmpedu.com

前 言 / PREFACE

　　食用菌产业作为朝阳产业，现已成为继粮、油、菜、果之后的第五大种植产业，珍稀食用菌产品市场空间大，具有较高食用、保健和药用价值，开发潜力巨大。近年来，很多菇农和投资者相继涉足珍稀食用菌产业，从业人数、生产规模、栽培品种、经济效益等不断增加。然而，我国珍稀食用菌产业在快速发展的过程中普遍存在生产实践与理论脱节、从业者整体专业素养不高、栽培技术生搬硬套、产品价格波动较大、生产风险较高等问题，困扰着广大从业者，栽培中不出菇或歉收情况时有发生，成为限制珍稀食用菌产业发展的痛点。

　　为提升广大从业者的栽培水平，科学指导珍稀食用菌生产，减少种植风险，提高珍稀食用菌的生产水平和效益，本书聚焦当下珍稀食用菌产业比较热门的灵芝、羊肚菌、长根菇、猴头菇、草菇、鸡腿菇、大球盖菇、白灵菇、桑黄、茶树菇、灰树花、大杯伞、榆耳、滑菇品种，以珍稀食用菌的生长发育条件、栽培季节、栽培模式、菌袋（菌棒）制作、出菇管理等关键环节为着力点，解决珍稀食用菌栽培过程中遇到的难题，促进珍稀食用菌产业稳定健康发展。

　　为了使本书内容更加形象生动，具有较强的可读性和适用性，编者尽可能地编入了有代表性的示意图。本书在编写过程中得到了北京京诚生物科技有限公司、山东福友菌业股份有限公司、淄博益君农业发展股份有限公司、东明县惠农食用菌种植专业合作社、滕州市润禾

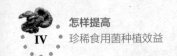
食用菌种植专业合作社、山东金太阳农业发展有限公司、山东三生万物生物科技有限公司、龙泉市丽红家庭农场等单位的支持，同时也参考了国内外食用菌专家和同行的相关研究成果，在此一并致谢！

需要特别说明的是，本书所用的药物及其使用剂量仅供读者参考，不可完全照搬。在实际生产中，所用药物学名、通用名与实际商品名称存在差异，药物浓度也有所不同，建议读者在使用每一种药物之前，都要认真参阅厂家提供的产品说明以确认药物用量、用药方法、用药时间及禁忌等。

由于编者水平有限，加之编写时间比较仓促，书中难免存在不足之处，敬请广大读者、同行、专家提出宝贵意见，以便再版时修正。

编　者

目 录 / CONTENTS

第一章
珍稀食用菌生产概述

第一节　珍稀食用菌的地位和发展现状

一、珍稀食用菌的地位和特点

食用菌产业作为朝阳产业，现已成为继粮、油、菜、果之后的第五大种植产业，具有健康、环保、高效等特点，符合我国现代农业的发展要求；深入推进供给侧结构性改革、加快种植业结构调整、促进乡村振兴、"一带一路"建设及大健康产业崛起，也为食用菌产业的发展和壮大提供了难得的机遇。

1. 定义和地位

珍稀食用菌是一个相对概念，是指我们经常见到的食用菌以外的品类。它们一般栽培历史短，栽培方法比较复杂，产量少，或者不能进行人工栽培，具有特殊营养价值、医疗价值和高附加值。

我国已调查到的食用菌有 936 种，可人工栽培的有近 80 种，目前已商业化规模栽培的达 50 种，主要有香菇、平菇、双孢蘑菇、金针菇、黑木耳、毛木耳、银耳，即常见的"四菇三耳"，以及灵芝、大球盖菇、羊肚菌、猴头菇、白灵菇、茶树菇、金耳（图 1-1）等珍稀食用菌。我国珍稀食用菌的产量占食用菌总产量的 48% 以上，产值占 60% 以上。珍稀食用菌栽培在我国各地发展迅速，对于丰富市

图 1-1　金耳

场供应，助力广大农民早日致富奔小康有着深远意义。

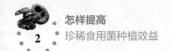

2. 特点

珍稀食用菌具有以下特点：①味道鲜美，口感极佳，既有丰富的营养价值，又有很高的药用价值；②能烹制出各具特色的佳肴；③栽培技术易掌握，凡是栽培平菇、金针菇、香菇的菇农都有条件栽培珍稀食用菌，既可自然温度栽培，也可进行工厂化生产；④既可鲜销，也可加工干制，经济效益高；⑤市场广阔，既可出口，也可内销，其售价是平菇、金针菇和香菇的3~6倍。

二、珍稀食用菌产业的发展现状和发展战略

1. 国内市场现状

（1）人工栽培方面　新开发、新引进的珍稀食用菌品种不断增加，如大球盖菇、长根菇、羊肚菌、姬松茸、鸡腿菇、茶树菇等已引起各地菇农重视，成为市场上最有增产潜力的人工栽培品种。品种的多样化不但增加了珍稀食用菌的市场竞争力，调整了产品结构，维持了市场动态平衡，而且促进了我国食用菌产业的持续稳定发展。

【提示】

目前重点发展以秸秆为栽培原料的珍稀食用菌，如草菇、大球盖菇、姬松茸（图1-2）等。各产区在珍稀食用菌生产中可重点发展耐高温食用菌，如大杯伞、草菇、秀珍菇、鲍鱼菇等，不仅可填补市场空白，而且不管鲜品还是干品都有较强的竞争力。

（2）加工方面　我国大多数食用菌加工已基本淘汰原始的加工形式，进入机械加工、容器加工阶段，主要加工方法有机械热风干燥、冷藏保鲜、盐渍和制罐加工。鲜品是国内市场上食用菌最主要的流通形式，干品、盐渍品、罐头是我国食用菌在国际市场的主要商品形式，同时也陆续开发出速冻产品、真空包装品、饮料、调味品、方便食品、药品等相关产品。

2. 发展战略

（1）生产方面　目前珍稀食用菌大多分散生产，今后应做到生产集约化、产业化、自动

图1-2　姬松茸床架栽培

化、标准化，实现企业化管理，提高珍稀食用菌的生产经营水平，实现高产优质，增强其在国际市场的竞争力和抵御市场风险的能力。

（2）经营理念方面　从单纯依靠产量和经营规模向依靠质量与效益转变，切忌一哄而上，只有在确保质量和效益的基础上，才能考虑发展规模，防止仅以规模求效益。

（3）产品供应类型方面　从干品向干鲜并重乃至以鲜为主转变。将珍稀食用菌烘干或晒干是在特定的历史时期和环境下的一种有效贮藏方法，随着时代的进步，除个别品种外，人们倾向于选择鲜品。

（4）产品标准方面　从干鲜品粗加工、原料型向精分类、精包装、商品型转变。新品种从一开始引进、试种，在生产技术上必须从严，在包装上适应市场需要，在商品质量上必须向国际标准看齐。

（5）销售方向方面　从出口日韩等向面向全球市场转变。全球珍稀食用菌市场潜力巨大，凡有亚洲人的地方就有珍稀食用菌的消费市场。

（6）科普普及方面　现代农业产业园区、经济技术开发区、观光博览园区、文化旅游科普园区发展加快，已经成为展示现代食用菌科技进步成果、推广珍稀食用菌健康饮食文化、传播珍稀食用菌科学文化知识、推动食用菌行业提档升级和拉动食用菌产品消费的重要力量。

【提示】

　　"出口靠常规品种，内销靠珍稀品种"，这是业内专家为食用菌生产指出的方向。

第二节　珍稀食用菌生产存在的误区和提高效益途径

一、影响珍稀食用菌产业利润的因素

1. 栽培成本上涨

随着城镇一体化进程的加快，越来越多的农村人口转移到城市，劳动力减少导致用工成本上涨。一方面，珍稀食用菌栽培人工成本超过50%。另一方面，土地流转致使土地租金节节攀升。另外，随着近几年环保政策加强，不少菇农把原先烧煤、烧柴的灭菌设备改成烧天然气的环保型设备，无形中也增加了成本投入。

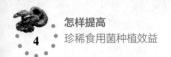

2. 只依靠政府补贴政策，不认真进行产业升级

个别企业为了拿政府补贴就盲目扩张，但政府补贴多数是等运转起来以后才给。企业把前期资金投进去以后，因为技术跟不上、市场不对路，加上资金链断裂，扩张到一半就关张的比比皆是，不但没有拿到补贴，连本钱也赔进去了。也有一些运行起来的企业，拿到了政府补贴，菌棒由政府买单，自觉稳赚不赔，但对科技进步和产品质量就没那么上心了，一旦政策有变，容易被自主研发力度大的企业超越而在行业中没落。

【提示】

政府补贴只能起"锦上添花""扶上马"的作用。建议政府扶贫应多给予技术上、观念上和管理上的扶持，在开展珍稀食用菌乡村振兴过程中，应注重技能和一线实训等方面的培训，不断提升菇农的技能；在发展食用菌产业过程中，要加大对珍稀食用菌产业的扶持力度，因为珍稀食用菌的市场消费需求比较旺盛，价格也高，投资回报率较高。

3. 在品种选择上人云亦云

一些菇农在生产前不了解理论知识，对菌类各时期的典型特征缺乏直观认识，仅凭操作经验盲目上马。近几年进入珍稀食用菌产业的人，很大一部分是跟风，看别人种哪个品种赚钱了，自己就种哪个品种，只带着赚一把的心理而来，盯着回收快、高收益的珍稀品种。

【提高效益途径】

如果发现周边地区某一个品种种植得特别多，最好就不要跟风了，也不要扩大规模，有时宁愿不种或少种，也好过白折腾一季。

二、珍稀食用菌生产存在的误区

1. 投资预算误区

目前珍稀食用菌产业的投资方有以下 3 种。一是投资方是行业内的成功企业家，他们了解国际市场，手上有大量的出口订单，并看好国内三五年后甚至十年后的市场。二是投资方原本就是菇农，投资几百万，用最省钱的方式建几十个菇房，为的是更好地种菇，取得更高的经济效益。三是投资方来自食用菌行业之外，经人介绍开始投资食用菌厂，因为他们是外行，自己不能参与管理，一切生产活动只能由技术人员安排，出了问题不能很好地解决。

【提示】

投资方属于第二种的企业是效益最好的，因为投资方自己既是管理团队又是技术团队，敢于尝试、敢于创新；投资方属于第三种的企业是目前停产、转产最多的。

在珍稀食用菌产业中，多数人看到的是利润率，忽略了周转率，尤其是大基地、大公司，拥有大量的固定资产如工厂化生产制冷系统（图1-3），如果不能充分利用，就难以获得利润。

2. 工厂化生产规划误区

（1）偏重于生产技术掌控　适合工厂化栽培的食用菌种类，要求出菇整齐、生产周期短，主要是金针菇、杏鲍菇、双孢蘑菇、真姬菇、银耳、滑菇、秀珍菇等。大棚、温室栽培和工厂化生产完全不同，后者栽培技术的

图1-3　珍稀食用菌工厂化生产制冷系统

成熟度是生产成败的关键。工厂化生产时需要了解设备使用的原理、运转操作过程和保养维修方法，还要根据天气变化、菇体生长发育状况及时对设备调整保养，出现故障能明确判断并做出相应处理。

（2）品种过于集中　工厂化生产食用菌，部分品种产能过剩，集中在金针菇（图1-4和图1-5）、杏鲍菇（图1-6）等品种，虽然没有出现较大的区域性滞销，但在市场

图1-4　白色金针菇工厂化生产

拓展和盈利空间上很多企业面临巨大的生存压力。

图1-5 黄色金针菇工厂化生产

图1-6 杏鲍菇工厂化生产

（3）设备不配套　工厂化生产是一个有机系统，各环节既相互依靠又相互影响。很多企业缺少专业设计，功能分区不合理，设备的规划设计不规范，如灭菌锅的安置顺序、菇房地下排水系统与钢构施工顺序、地下保温等问题，均会造成无谓的损失，也影响使用效率和便捷性。

3. 栽培规模误区

（1）工厂化生产　食用菌行业中，有很多企业存在生产盲目性，淡季时大量减产；从10月开始到春节为消费旺季，企业就开足马力增加产能（图1-7）。这种方式极易引起价格波动频繁，导致工厂化产品的价格陷入"卖产品难→价格下跌→减产停产→货源减少→供应短缺→价格上涨→生产增加→卖产品难"的怪圈，周而复始。

图1-7 蛹虫草工厂化生产

（2）菇农生产　目前，个体菇农一般是几亩（1亩≈666.7米²）地2万~3万个菌棒的规模；合作社面积一般为几十亩或上百亩，但多独处一隅，不成行不成市，卖货难、买菇难、请人难，成本相当高。取得较高效益的前提是必须达到一定的面积。

4. 反季节生产误区

食用菌一般在春秋两季自然生长，冬季温度过低，夏季温度过高，绝大多数食用菌生长困难。夏季和深冬季节出的菇称为反季节菇，因其价格高，大家都考虑如何反季节生产以获得更大收益。

反季节生产的关键技术分设备设施（图1-8）、菌种、工艺保证三大方面，但菇农常会忽视以下问题：夏季高温天气制棒易污染；冬季制棒发菌时间长，导致生产周期长，占用资金时间长；遇极端天气，设备设施无法满足生长条件，导致菇形异常甚至绝收。另外，冬季菇一般在最炎热的7月蒸料制棒接种，工作环境非常艰苦，生产易出现差错；夏季菇多在春节前投产，天气寒冷造成生产不便；这些还都会造成招工困难。

图1-8　新型降温荫棚

5. 盲目发展产业链误区

食用菌产业涌入大量外来资金，动辄是千亩以上的园区建设，推行"公司＋合作社＋农户"模式，实行公司集中生产养菌、农户分散出菇、政府财政补贴的方式。客观上讲，综合实力强的公司，在项目推行上采用绩效等模式，与老百姓实现了双赢，收到了实效。但有的公司技术不到位，或调动不了农户积极性，产业项目推进受阻。

6. 管理误区

（1）规模化管理误区　珍稀食用菌规模化管理的对象，不是单纯的技术和生产程序运行。由于被管理的每个员工的文化程度、技术水平、思想意识、基础技能等差别较大，加上珍稀食用菌栽培、管理技术、现场应对措施等都具有随机可变性，规模化管理效果不好，高级管理技术人员的管理水平与生产单位设计的预期目标之间有较大差距。

（2）管理方法误区　由于行业外投资者不懂珍稀食用菌生产管理，认识不到要做到栽培技术和管理的有机结合，经常出现菌包污染率高、菇（耳）畸形率高、生物效率低等问题。另外，一线技术人员、熟练员工能否安心从事本职工作，也是管理层要重点考虑的因素。

（3）企业高层误区　很多企业的管理层是家族成员，外人很难融入，而且没有明晰产权，父子、夫妻、兄弟如何分配利润没有明确，形成了内部纷争隐患。

7. 销售误区

珍稀食用菌个别品种在出菇集中期大量上市，产品滞销事件时有发

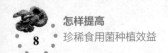

生。"菇贱伤农"的直接原因可归结为盲目种植、生产过剩，菇农与销售地区采购商的信息不对称等。

8. 品牌误区

（1）区域品牌 由于地理环境、自然资源不同，一些历史悠久的食用菌主产区都有其区域品牌，如庆元香菇、泌阳花菇、平泉滑子菇（滑菇）、古田银耳、鱼台毛木耳（图1-9）等。目前我国很多地方在保护区域品牌上重视程度不够，并未发挥出应有的品牌效应，处于"有名无牌"的阶段，即知名度高但品牌化程度低，鱼龙混杂、真假难辨。

图1-9 鱼台毛木耳产业园区

【提示】

> 由于经营主体与受益主体不明确，加之食用菌区域品牌的"共有性"特征，使得区域品牌正在被"滥用"，严重影响了其市场价值。

（2）行业品牌 很多企业重生产轻品牌，导致行业缺乏大品牌，除了像星河、雪榕、丰科等行业龙头企业的品牌被外界所知外，更多品牌默默无闻，缺乏核心价值，食用菌行业的品牌之路依旧漫长而艰辛。食用菌行业竞争激烈，市场不缺产品，缺的是能打动消费者的品牌宣传和营销模式。

【成功案例】

> 纵观猴菇饼干的热销，主要是产品抓住了一部分胃病患者的保健意识，吃猴菇饼干就可以养胃、保胃，更加符合现代都市人的快节奏生活，不影响工作的同时可以调好胃病，也让猴菇饼干成为现代消费者心目中的养胃必备食品。
>
> 仲景香菇酱《采蘑菇的小姑娘》的广告视觉海报一下子就能勾起消费者儿时的记忆，引起消费者共鸣，大自然、小姑娘、采蘑菇等意境与西峡香菇传达的天然、原产地相符，巧妙地把产品、历史、区域文化有效结合。要想让品牌长久地被人记住，必须赋予品

牌文化内涵，让产品在消费者与经销商心目中形成文化符号，这是食用菌产品营销的成功之道。

9. 餐饮文化误区

我国为食用菌生产大国，但食用菌的人均消费量还有较大提升空间，大家知道食用菌营养价值高，但不知道怎么做更美味。不像我们常吃的蔬菜、肉类是日常生活饮食必需品，食用菌作为蔬菜类的一个单品，在餐桌上多数只以辅菜形式出现，国内消费市场还未被完全挖掘出来。开发食用菌餐饮消费，将为拓展食用菌发展空间提供无限潜力，未来我国乃至全球必将迎来食用菌餐饮文化开发新热潮（图1-10）。

图 1-10　食用菌餐饮

【提示】

川菜中的"推纱望月"、鄂菜中的"瑶柱猴头"、闽菜中的"半月沉江"、粤菜中的"佛跳墙"等，都是菌菜精品，是我国菌菜历史文化发展的珍贵结晶。

三、提高珍稀食用菌生产效益的途径

1. 提高行业认知

食用菌行业看似简单、入行门槛低，但必须完美结合技术和市场才能获得理想的经济效益。初学者要考察好资源、技术难易程度、市场销售情况，不能盲目上马，开始时可以选择当地资源丰富、技术容易学习、市场风险比较低的品种。从事食用菌生产，不能奢求短平快，必须耐得住性子，看得见行业的长远回报，并且要把握机会，结合自身经济实力确定规模，由小到大，稳步发展。

投资前先对国内食用菌生产现状进行全面了解，对投资项目做可行性分析。一方面了解工厂分布与规模、设施与技术能力、生产成本；另一方面要了解当地消费习惯、区域主要批发市场的销售渠道和销售方式，还应清楚价格趋势、竞争对手情况、市场饱和时的产销动向及消费

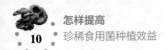
市场的开拓等。可以销定产，确定生产规模。

【提示】

　　给初学者的告诫：①立足现实，充分考察市场、资源、气候条件等因素，为从业做好充分的准备工作。②有长远发展目标，不能凭一时热情。③踏踏实实学好技术，尊重知识，一步一个脚印地往前走，逐步发展壮大。④要有"胜不骄、败不馁"的顽强拼搏精神。

2. 选择适宜的栽培模式

　　（1）农户生产　在食用菌栽培上，我国目前大多数为一家一户作坊式生产，该模式具有门槛低、产出快、成本低、推广快等优点（图 1-11）。随着农业现代化进程的推进，这种生产方式逐渐暴露出缺点，如生产过程中农户行为不能做到很好的统一、设备简陋，导致产品质量参差不齐，不利于集约化、标准化生产体系的建设，致使产业链条短，产品附加值低。因此，必须坚持规模化发展，充分发挥

图 1-11　食用菌农户生产

产业的积聚作用，形成产业群，实现资源共享、互补、有序开发利用，提升食用菌产业总体水平。

　　（2）工厂化生产　我国食用菌以农户季节性生产为主。农户季节性生产的菇类超过 30 种，占全国食用菌总产量 70% 以上，数百万菇农靠种菇生活，工厂化周年生产的菇类仅有 10 多种。欧美国家几乎 100% 采用工厂化生产。另外，欧美人很少吃香菇、木耳等木生菇类，主要为双孢蘑菇或褐蘑菇，占比高达 98%。

　　我国食用菌产业承载着"扶贫济困"的使命，季节性生产的"农户菇"总量还会爆发式增长。工厂化生产比例较高的菌种为金针菇、杏鲍菇、真姬菇（图 1-12）、双孢蘑菇、猴头菇、绣球菇等。"工厂菇"有周年上市优势，"农户菇"有品种多、成本较低优势，两者必须互补发展。

【提高效益途径】

"集中制棒、分散出菇"模式在很多产区被推广，该模式充分整合了现代机械设备资源，形成菌包制作过程工厂化（图 1-13），降低了劳动强度，既节省了投入、提高了效率，又保证了菌包质量，带动了菇农增收致富。菇农只要做好出菇管理环节即可，降低了生产过程风险，节省了菇农生产成本，实现了分散出菇环节管理精细化，提高了种菇效益。

图 1-12　真姬菇工厂化生产

图 1-13　工厂化生产中的自动上下架机

3. 做好场地规划

（1）天时　充分了解当地 5 年以上天气变化情况，因地制宜根据栽培菌类的生物学特性判断分析，便于技术管理。反之，将增加生产中的维持费用（如用电耗能等），影响周年产量和效益。

💡 【提示】

自然界天气多变，栽培珍稀食用菌同样应预防极端天气（大风、洪涝、雨雪、极端高温和低温等灾害天气）。

1）大风危害。将大棚膜吹起并上下摔打，造成棚膜破损或撕裂，导致低温，影响菌丝发育、菌棒发菌；由于大棚通风口一侧未关闭或大棚一角漏风，瞬时大风可导致棚室翻覆，棚内菇蕾突然遭受大风低温，易烂菇或导致成品菇畸形，降低商品性。

对策：①尽量避开山口，减少风灾危害；找专业公司施工，大棚采用"几"字形钢主体结构，棚膜使用高抗破损的专用 PO 膜，主骨架采用国产热镀锌钢管，耐用年限不低于 20 年。②棚室跨度为 6 米左右，设计风荷载不低于 0.5 千牛 / 米^2，两侧地锚放深至 50 厘米以上，施工结束后对大棚侧面钢管和棚内立柱进行混凝土浇筑，降低风阻，增加大棚抗风强度。③关注天气预报，大风来临前及时检查，如棚膜、棚室骨架是否损坏，及时修补、加固，并堵严通风口、罩严棚膜，减少通风量。④起风时一旦棚膜鼓起，立即绷紧压膜线，及时将棉毡等覆盖物放下，并用沙袋压牢。

2）洪涝危害（图 1-14）。菌棒受淹和大棚毁坏；发菌棒因水淹导致菌丝活性降低，严重缺氧者窒息死亡；出菇棒因水淹感染会发生木霉病、毛霉病等病害和螨类、菇蚊、菇蝇等虫害，导致幼菇、菌棒腐烂，影响商品性和出菇率，造成重大损失。

图 1-14　洪涝危害

对策：①场地选择和大棚设计要合理，场地排水沟要根据当地气象资料按 20 年一遇的防洪标准设计，避免集中降雨时因排水不畅受灾。②降雨期要派专人值守，及早储备铁锹、抽水泵等必要的排水工具，及时关注天气变化，加强降雨巡查，如遇灾情，及早预警、处理。③降雨期棚室要及时通风，避免高温高湿造成菌棒烂掉或菌丝疯长，每周棚内喷杀菌剂一次，抑制杂菌的发生，大棚四周喷杀虫剂，棚内无菇区用干燥新鲜石灰粉圈撒，搞好棚内外环境卫生，减少虫害发生。④对水淹菌棒及时杀菌处理；地栽菇及时覆土消毒；烂棒和感染严重菌棒及时、彻底地清除、深埋，避免影响正常出菇。

3）雨雪危害。主要是雨夹雪、雪和冻雨等极端天气，棚室由于被棉毡覆盖，积雪融化后不容易风干且因冰冻越积越厚，严重时压垮棚室、压烂菌棒，因菌棒低温冰冻和机械损坏造成重大损失。

对策：①大棚建造前要参考当地气象资料，设计雪荷载不低于 0.30 千牛 / 米^2，最大限度地提高棚室抗雨雪压力。②遇雨雪天气，加强人工巡查，及早加固棚室，并在大棚外的覆盖物上加盖废旧薄膜，四周用砖或沙袋压牢，以利于清除积雪，降低棚室负重。③购置吹雪机、长竹竿等设备，对持续降雪做到随降随清，防止因雪厚度增加压塌大棚骨架。④雨雪过后要及时清理，避免因雨雪冰冻负重过大造成棚室坍塌和次生灾害。⑤积极参加农业保险，对大棚设施和菌棒进行投保，防患于未然，最大限度地减少极端天气带来的损失。

（2）地利　万事开头难，建厂选址是大事。考虑因素越多，规避问题越多，获得效益越大。例如，靠近公路能降低运输成本，近水源要考虑水的用量和水质，电力设施容量要充足。还要考虑制种、制棒、发菌、出菇场所风向，自然灾害对菇棚影响的程度，地下水位高低、土层质地及薄厚对菇棚内湿度的影响，周围植被种类、高低、有无经常性病虫害发生，废菌糠处理与再利用的关系，制种制棒及出菇场地等建筑设施是否配套连贯，内外面积匀称匹配是否合理等。全方位综合考虑栽培场所的选择，是生产能否顺利进行的关键因素（图1-15）。

图1-15　食用菌厂区规划建设

（3）人和　完善规章制度，用规章制度管理工厂，增加透明度，形成团队合力，才能在社会竞争各方面具有强大优势（图1-16）。团结就是力量，根据个人技能，合理分工，各负其责，既要相互通气，又要相互信任。领导班子成员之间协商工作，要补台不要拆台，这是建厂成功的根本保证。社会诚信也是建厂成功之本，这都是获取高效益的具体体现。

4. 加强管理

单纯从技术层面考虑是远远不够的，必须同时从管

图1-16　食用菌生产团队

理层面入手。生产企业应从工业视角，结合食用菌生产特点，做好企业经营，"三分生产、七分管理"，管理出效益，是珍稀食用菌栽培的核心

（图1-17）。从节约中寻找效益，从管理中寻找效益，想方设法降低生产成本，提高产量和质量。但也不能为了节约而忽视菌丝体与子实体生长所必需的基本设备条件与各环节的操作管理。在珍稀食用菌品种、产量都逐年增加、市场消费下降的情况下，要比拼管理、质量、技术。

图1-17　珍稀食用菌厂区
环境管理

【提高效益途径】

珍稀食用菌生产由无数琐碎的操作构成，"多余"的操作可能一次都不能少，反反复复的步骤可能一步皆不可弃。"多余"练就了实干的基本功，"反复"为各环节技术指标保驾护航，"耐烦"不仅锻造了技术也构成了珍稀食用菌的品质基础，可以说如此一系列的"重复"便是珍稀食用菌生产"工匠精神"之母。

提高效益，还应提高资金使用效率，必须考虑主料、辅料及其他材料的囤积数量和运输成本、人工成本核算等。应抓住生产中关键技术环节，降低菌种与菌棒污染率是生产管理的核心所在。管理中人的因素是首要的，使技术人员与熟练员工安心从事工作，是企业创造财富的源泉，他们在长期工作中积累的经验和熟练程度是企业的无形资产。采用人性化管理，关心技术人员与熟练员工，是创收效益的积极因素。

【提高效益途径】

管理中可采取"六统一分"模式，即统一建设棚室、统一制作菌棒、统一技术指导、统一品种品牌、统一回收产品、统一销售加工，农户分户经营。

5. 珍稀食用菌生物学特性知识和生产经验积累

保障菌种质量、出菇菌棒（菌包）安全生产、菌棒培养过程安全、出菇过程的杂菌抑制和产量保障等问题，不仅需要有熟练的技术，而且需要有丰富的经验。面对现场出现的异常现象，需要根据珍稀食用菌的生物学特性和生产经验，进行周密细致的处理。特别是对杂菌感染类现象的防范措施，不仅充分体现管理者对珍稀食用菌生产"无菌化"概念的理解和处理思路，而且体现管理者抑制杂菌的思路、对所用方法和使用原料（或药品）实际效果的反复验证。另外，对于不同品种和菌株，离开原发地后异地移植生存带来的生物学技术参数的变异或改变，都需要 2~3 个有固定模式的栽培周期的试验性应用过程，准确掌握其技术参数，才能应用于产业化投资生产。每一项技术参数的验证，都需要细心、耐心地进行试验和记录。

【提示】

　　液体菌种达不到"无菌化"理想质量要求的主要原因有两个：一是生产设备和生产工艺设计者设计的工艺过程有隐患，造成杂菌（病菌）污染液体菌种，不能保障用户生产出 100% 合格的菌种。二是使用液体制种设备的人对防止液体菌种生产过程产生杂菌（病菌）污染的"无菌化"概念模糊，缺乏有效防止杂菌污染的生产技术措施。

6. 提高品牌效益

　　好的品牌能增加员工自豪感，赢得消费者信赖，更能吸引优秀人才，增强企业自身实力，无形中提高企业的信誉价值。

　　以农村电商平台和特色农产品销售网络为阵地，加大线上品牌宣传力度和实现线上线下合作销售，重点打造珍稀食用菌产品产前、产中、产后线上可视化生产卖点，在市场经营中赢得先机，实现产品效益最大化，促进产业可持续发展。

7. 产业融合发展

　　把产业链、价值链等现代产业组织方式引入食用菌产业，促进一二三产业融合互动，不仅要用机械化、智能化、信息化来改造传统食用菌产业，不再局限于一次产业，要把目光放得更深、更远，初加工、精加工、销售、流通、休闲观光等，延长的产业链条上可以细分出无数环节，衍生出无限的增值机会。例如，不少地方发展食用菌田园综合体（图 1-18），以食用菌特色产业为基础，农旅融合发展为主线，依托生态资源优势和历史文化内涵，加快发展循环农业、创意农业，促进生产、消费、体验互动，实现一二三产业融合发展。

　　还可以由食用菌行业学会、协会、餐饮协会、作家协会、文化促进会等，组织成立食用菌一二三产业融合联盟，建设食用菌特色小镇（图 1-19）。

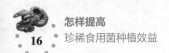

策划开展地毯式的科普宣传、食用菌烹饪大赛、文学作品创作等，全面营造食用菌文化氛围，逐步培育建立食用菌餐饮文化产业。在野生菌主产区或自然保护区，建立野生菌市场，建立培养野生菌交易网络。

图1-18　食用菌田园综合体

图1-19　食用菌特色小镇

【提示】

在珍稀食用菌产业中，要记住："不发展，就会越来越差；不改变，就会越来越坏；不顺势，就会越来越没地位。"

8. 转变销售模式

很多企业在产品经销上转变做法，做好直销、代销等传统销售的同时，积极融入"互联网+"和"新零售"，重视互联网电商平台建设和供应商合作，拓宽销售渠道，掌握了产品市场话语权。

在互联网发展新形态、新业态下，"互联网+食用菌"的发展模式已深入食用菌行业各领域，发挥了重要作用。利用"互联网+"、大数据、云计算、物联网等信息化手段，可消减信息不对称，有助于加强与需求市场对接，菇农可获取先进的技术信息，掌握最新的食用菌产品价格走势，从而决定食用菌的种植品种、规模，增加收益。此外，越来越多的食用菌生产企业开始把物联网技术应用在生产环节，实现生长过程实时监控，了解生产过程中的环境指标，提高产品可追溯性等，保障食用菌产品安全、绿色，推动食用菌产业信息化、现代化。

【提示】

要运用互联网思维整合珍稀食用菌上下游产业链资源，打通线上线下交易通路，将传统经销模式与电商平台销售模式相融合（图1-20），提升产业效益。对于食用菌产业来说，减少中间成本才是赚钱的根本。

提高产出和生产者收入，让大家真正赚到钱，是最终的目标。

例如，客户想在线上购买某品牌的羊肚菌产品，通常会通过搜索引擎进行搜索，然后根据显示出来的关注度、价格、销量等信息预判分析，研究出哪个羊肚菌产品是市场上受欢迎的，进而做出购买意向。反之，食用菌生产企业也会根据互联网等平台上消费者选择产品的需求数据进行缜密分析，挖掘需求热点，对产品信息进行有效整合。这种行为方式是互联网大数据时代给食用菌产业带来的新变化。

企业在招聘人才的时候也运用互联网思维，创造出更多符合时代发展特点、时尚且具有挑战力的新兴岗位，这样更能吸引新农人。

图1-20　食用菌线上与线下销售活动

【提示】

区块链技术解决了信息自动存储和数据库的功能，使食用菌产品可溯源和行业信息更透明，间接减少了人工和其他设施投入。区块链及应用实现万物互联，帮助食用菌生产企业和经销商降低各项开支，生产和流通成本的降低，也会减少食用菌产品上市的环节，让消费者能够买到更加物美价廉的产品。

第二章

提高灵芝栽培效益

第一节　灵芝栽培概况和常见误区

灵芝（*Ganoderma Lucidum*）又名赤芝、木灵芝、琼珍、灵芝草、菌灵芝（图2-1），属担子菌纲多孔菌目灵芝属，原产于亚洲东部。我国古代有关灵芝的记载、传说很多，人工栽培灵芝历史悠久。20世纪80年代后期，世界性的灵芝热促进了我国的灵芝栽培及研究。目前，灵芝在我国各地均有栽培，主要分布在浙江、安徽、福建，以及东北、鲁西地区，灵芝及灵芝孢子粉70%的产量来自这些地区。东北地区灵芝个头最大，质量较好；安徽、山东人工栽培最为集中，产量大；福建所产灵芝

图2-1　灵芝子实体

有效成分含量最高；其他如浙江、河南、四川等为我国重要栽培基地，当地品种最初多是由福建引进，后经多年发展，已形成较大规模的集约化生产。

我国已经成为灵芝的主要生产国和出口国，由于灵芝文化在我国深入人心，对灵芝产业产生巨大的良性推动作用，而蓬勃发展的灵芝产业反过来又促进了灵芝文化进一步从神话传说到惠及普通人，二者形成良性循环。从灵芝栽培到灵芝深加工，再到灵芝医药，这是一条环保、低碳、可持续发展的道路，符合现代农业的发展特征。

一、栽培概况

1. 产业现状

我国灵芝药用已经有3000多年历史。20世纪50年代中国科学院微

生物研究所首次成功栽培灵芝，并逐渐实现了规模化生产。近年来，灵芝的开发利用越来越受到人们重视，消费量增长迅速，中国、日本、韩国是灵芝主产国。

灵芝种类较多，根据形态和颜色，可分为赤芝、黑芝、青芝、白芝、黄芝及紫芝6种，其中赤芝和紫芝为药用品种，四川、山东、安徽、广西、福建和江西等多数地区主要栽培赤芝；少数地区栽培紫芝，如江西；西藏主要栽培白肉灵芝；吉林栽培松杉灵芝；湖南栽培金边灵芝（彩图1）。

灵芝为木腐菌，常腐生在阔叶树的枯木和树桩上，阔叶树树种大多数适合栽培，以壳斗科中的栎树为好，其树皮较厚，形成层发达，不易与木质部剥离，树质坚硬，含鞣酸。我国人工种植灵芝大体可分为四大主产区，每个产区各具特色，超过75%的灵芝及灵芝原料均出自这四大主产区。

1）福建南平武夷山、浙江龙泉区域。盛产紫芝、树舌灵芝（图2-2）、灰芝、薄黄芝、假芝、赤芝等野生灵芝。该区域水源清澈、土壤酸碱度适中、空气富氧、气候温和湿润，生态环境与灵芝的生长要素十分契合。该区域以大棚堆垛种植和大段木野外栽培为主，武芝、龙芝、仙芝为主要品种，年产干灵芝超过1万吨，

图2-2　人工驯化的树舌灵芝

年产灵芝孢子粉超过2000吨，是我国灵芝栽培历史最为悠久的两个地区，灵芝的相关国家标准、栽培标准都在此制定，是高端灵芝原料主产地。

2）东北吉林长白山区域。盛产平盖灵芝、无柄赤芝、木蹄层孔菌、裂蹄层孔菌、松木层孔菌、桦褐孔菌、斑褐孔菌、桦剥管菌、松杉灵芝等野生灵芝。该区域森林覆盖率高、四季分明、昼夜温差大、环境污染小、木材来源充足，以段木野外栽培结合大棚培育为主，灵芝产量和闽浙不相上下。

3）安徽大别山、湖北武汉区域。以小段木野外栽培为主，辅以覆膜大棚种植，产量极高，年产干灵芝超过5万吨，年产灵芝孢子粉超过

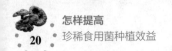

3000吨。该区域大段木供应欠缺，因此以小段木为主，只能栽培一季，但栽培面积是全国最大的。

4）山东泰山、冠县区域。该区域灵芝种植起步于20世纪90年代初，主要以"合作社＋基地＋农户"的产业化模式进行，是泰山灵芝、南韩赤芝、赤芝6号、灵芝草、灵芝孢子粉的主要产区，也是灵芝片、灵芝粉、灵芝盆景的加工地。该区域木料少，以代料栽培为主，大规模温室大棚种植，年产干灵芝超过8万吨、灵芝孢子粉超万吨。代料灵芝最适合做盆景，因此鲁西区域灵芝工艺品行业发达，尤其是灵芝盆景。

2. 栽培模式

我国的灵芝栽培模式可概括为"熟料袋栽荫棚出芝模式"。

（1）**短段木栽培**　目前，我国大部分采用短段木栽培模式，主要分布在浙江、安徽、福建、四川、贵州和东北地区。栽培流程为：树种选择→砍伐→切段→装袋→灭菌→接种→菌丝培养→场地选择→搭架→开畦→脱袋→覆土→出芝管理（温湿度、通气量、光照强度）→出芝→子实体及孢子粉采收→烘干包装。该模式子实体品质佳，干燥后质地厚实、坚硬，营养和药效成分齐全。

该模式存在两个严重问题：一是需要消耗大量木材，对森林资源有一定破坏性；二是存在连作障碍现象，一般种植3年后就需更换地块。这两个问题目前难以解决，严重制约灵芝产业发展。

（2）**代料栽培**

1）农法代料栽培。代料栽培较广泛的省份有山东、河南、河北、广东、台湾等，多数以农法栽培为主，其栽培流程为：拌料→装袋→灭菌→接种→出芝管理→采收→烘干包装。该模式通常采用塑料大棚墙式栽培，成本较低，操作简单，原料来源广，适合农户生产。

2）工厂化代料栽培。制作流程和农法栽培一样，主要采用代料栽培模式。根据灵芝的适宜生长条件，进行全过程人工控制和调节，实现全年可控、稳定高效的生产目标。工厂化栽培具有生物转化率高、质量安全性高等优点。

代料栽培的缺点：培养基质疏松，菌丝生长阶段营养消耗量大，子实体成熟时间较短，无法形成活性物质丰富、营养成分充足的子实体，子实体干燥后质地疏松，药效成分低。

【提高效益途径】

工厂化栽培灵芝的核心是提高复种指数和设备利用率，以摊薄生产成本，提高经济效益。但灵芝出芝期长达40天，是商业化栽培菌类中时间较长的；所需的灵芝栽培架的投资是金针菇和杏鲍菇的2倍以上（栽培袋在出芝阶段需间隔一定距离，否则菌盖会黏结）；灵芝属于保健药用菌类，有苦味，这阻碍了其产品流通，对它的社会需求量与肉质菌类不具有可比性。因此不适合工厂化流水线大量生产。

灵芝工厂化栽培困难重重，而保健品、药品加工企业又需要大量高品质的灵芝产品。因此模仿近年来各地涌现的香菇、银耳菌棒制作中心的生产模式，设立灵芝菌棒（菌包）供应中心。出售菌棒（菌包）给灵芝专业户，进行分散管理，并回收灵芝产品，取得双赢。灵芝菌棒（菌包）制作时间集中在12月~第二年4月，也可寻找错季（秋、冬季）大宗种植低温型菌类（如香菇等），混合生产。福建4月初灵芝生产结束后，可进行香菇菌棒（菌包）制作，自己使用一部分，大部分出售给菇农栽培，6月初香菇菌棒制作结束后，进行"井"字形堆垛培养，至夏季结束。秋季将生产结束的层架式栽培的灵芝下架，换上香菇菌棒，4月初香菇菌棒下架，灵芝菌棒（菌包）又可上架。采用多种菌类混合错季菌棒（菌包）制作，是提高灵芝栽培企业设备利用率的一条途径。

（3）林下栽培　林下栽培是将菌丝满袋的代料或短段木覆土于遮阳较好的树林下培育出芝的方式（图2-3）。栽培流程为：原料选择→制种→装袋灭菌→接种→菌丝培育→林下覆土→出芝管理。林下栽培较大棚栽培具有产量大、生物转化率高的特点。

图2-3　灵芝林下栽培

二、常见误区

1. 只注重野生灵芝采集，不注重野生资源保护

国家和地方现有法律法规关于野生灵芝资源保护、恢复、发展及利

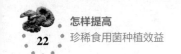
用等方面的内容非常少，甚至可以说是空白，人们的法律意识和对野生资源的保护意识比较淡薄。近年来，由于野生灵芝价格节节攀升，人们通常见一朵采一朵，不管其成熟与否。这种掠夺性的采集，对灵芝资源造成了严重破坏，致使一些具有珍贵药用价值的野生灵芝濒临灭绝。

2. 专用品种缺乏，知识产权保护意识不强

我国缺乏适宜各产地栽培的优良品种，主栽品种大多引自韩国、日本等地区，由于和引进品种的原产地的自然气候和环境差异大，引起菌种活性退化、名称混杂、产量低、品质差、抗病虫害及杂菌能力差等情况。我国自主选育的灵芝专用品种也较缺乏，如适合工厂化栽培的品种、高多糖高三萜的品种、适合制作盆景的品种等。另外，我国欠缺品种保护相关的法律法规，对育成品种缺乏有效知识产权保护，导致育种工作者和企业育种积极性不高。

3. 栽培技术标准化程度较低，产品质量不高

我国灵芝产业主要以种植为主，是全球主要的灵芝生产和出口国。但以农户栽培为主体，规模化、标准化种植较少，新种植技术研发力量不强，多以原木为原料，损耗森林资源多。同时，以农户为主体，其质量难以控制，致使部分产品质量较差，农药残留及重金属超标，高品质货源不足，难以为加工产品提供优质原料。

4. 新型栽培基质利用不足，生产成本越来越高

灵芝属于白腐真菌，可以分解木质素、纤维素，传统的灵芝段木栽培基质除樟树、桉树、松树、杉树等含油脂或芳香类物质的树种外，其他阔叶树都可用于生产灵芝，但多数使用的是树皮厚且木质紧密的壳斗科、桦木科植物，如青冈栎、赤杨、白栎。在保护生态的大要求下，保护资源、保护环境的主题日益突出。段木栽培的原料成本越来越高，现有树木不足以维持段木栽培的可持续发展，菌林矛盾严重。

 【提示】

可利用梨树、苹果树等果树的短段木覆土栽培灵芝，或利用黄檗、杜仲、厚朴等木制药材段木栽培灵芝，从一定程度上缓解菌林矛盾。

5. 产品单一，多样化开发有待提高

灵芝的药用价值一直在民间广为流传，并且不断被证明，但目前灵芝产品主要集中在子实体、孢子粉、茶、盆景等，较为单一，没有充

分发挥出其抗炎、抗肿瘤、抗氧化、免疫调节、抗糖尿病、抗病毒和抗菌的药用特性。灵芝子实体在中国、日本、北美等地区可作为膳食补充剂，还被用作功能性食品。近年来，众多的灵芝深加工产品出现在市场上，包括灵芝挂件（图2-4）、灵芝咖啡、灵芝饮料、灵芝药膏、灵芝肥皂等。

6. 产品有苦味，被消费者认为越苦越好

苦味成分只是灵芝有效成分的一部分，并且木质化程度越高的样本，苦味成分含量越高，但其他有效成分也越低。有些厂商为迎合用户心理，在加工过程中加入不当的化学药品，以增加苦味，这些残留的化学药品对人体不仅无益，而且可能产生副作用。

孢子粉是灵芝发育后期弹射释放出的种子，生物学上称担孢子，集中起来呈粉末状，通称灵芝孢子粉（彩图2）。每个孢子直

图2-4　灵芝挂件

径只有5~8微米，孢子内含有丰富的多糖、腺嘌呤核苷、蛋白质、酶类、硒元素等特殊成分，灵芝孢子粉在增强免疫力、抑制肿瘤的药效方面远远超过其母体灵芝。100%纯净的孢子粉或用套筒办法在相对密闭条件下采集的孢子粉是不苦的，而从不密封条件下生长的灵芝表面上采集的和操作台上收集的孢子粉是有苦味的，所以，纯孢子粉或破壁孢子粉都不应该有苦味。

第二节　提高灵芝栽培效益的途径

一、掌握生长发育条件

1. 营养

灵芝是以死亡倒木为生的木腐性真菌，对木质素、纤维素、半纤维素等具有较强的分解和吸收能力。由于灵芝本身含有许多酶类，如纤维素酶、半纤维素酶及糖酶、氧化酶等，能把复杂的有机物质分解为自身可以吸收利用的简单营养物质，因此木屑和一些农作物秸秆（棉籽壳、

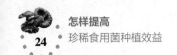

甘蔗渣、玉米芯等）都可以作为栽培原料。

2. 环境

（1）温度　灵芝是高温型菌类，菌丝生长范围为15~35℃，最适宜温度为25~30℃，菌丝体能忍受0℃的低温和38℃的高温。子实体原基形成和生长发育温度为10~32℃，最适宜温度为25~30℃，在这个温度下子实体发育正常，长出的灵芝质地紧密，皮壳层良好，色泽光亮。高于30℃培养的子实体生长较快，个体发育周期短，质地较松，皮壳及色泽较差；低于25℃时，子实体生长缓慢，皮壳及色泽差；低于20℃时，培养基表面菌丝易出现黄色，子实体生长也会受到抑制；高于38℃时，菌丝很快死亡。

（2）湿度　子实体生长期间需要较高的湿度，但不同生长发育阶段对湿度要求不同。菌丝生长阶段要求培养基含水量为65%，空气相对湿度为65%~70%；子实体生长发育阶段，空气相对湿度控制在85%~95%，低于60%，刚刚生长2~3天的幼嫩子实体会由白色变为灰色而死亡；孢子粉期，为避免发霉，空气相对湿度控制在80%~85%。

（3）空气　灵芝是好氧性真菌，空气中二氧化碳含量对它生长发育影响很大。如果通气不良、二氧化碳积累过多，则影响子实体正常发育。空气中二氧化碳含量增至0.1%时，会促进菌柄伸长并抑制菌伞展开；当二氧化碳含量达到0.1%~1%时，子实体虽然生长，但多形成鹿角状分枝；二氧化碳含量超过1%时，子实体发育极不正常，无任何组织分化，不形成皮壳。

【提示】

生产中，为避免畸形芝出现，栽培室要经常开门开窗，进行通风换气；盆景制作时，可通过控制二氧化碳的含量，培养出不同造型的盆景。

（4）光照　灵芝对光照非常敏感。光照对菌丝体生长有抑制作用，菌丝体在黑暗中生长最快。光照对子实体生长发育有促进作用，若无光照难以形成子实体，即使形成了生长速度也非常缓慢，易变为畸形芝。菌柄和菌盖的生长对光照十分敏感，光照强度为20~100勒时，只产生类似菌柄的突起物，不产生菌盖；光照强度为300~1000勒时，菌柄细长，并向光源方向强烈弯曲，菌盖瘦小；光照强度为3000~10000勒时，菌柄和菌盖正常。

【注意】

目前大棚栽培主要依靠覆膜和遮阳棚，对光照控制不严谨，大多没有量化和有效的遮光补光措施。

（5）酸碱度　喜欢偏酸环境，pH 范围为 3~7.5，pH 以 4~6 最适宜。

二、选择适宜的栽培品种和栽培模式

对灵芝生产而言，单产高、品质好和抗逆性强的良种是永久追求。菇农目前主要需求子实体或孢子粉单产高的品种；种植加工企业则既需要子实体或孢子粉单产高，又需要子实体多糖和三萜等活性物质成分高的优良品种，提取活性成分的得率高，效益好。

四川、西藏、山东、广西和江西多以采收子实体为主要生产目的，菇农将子实体加工成干品，批发销售给农产品综合市场或中药材老板。江西生产的紫芝（图 2-5）干品多销往广州，广州消费者非常喜欢用紫芝煲汤。广东、浙江和福建多以采收孢子粉为生产目的，加工成孢子粉进行销售；也有用于观赏的品种（图 2-6）。

图 2-5　紫芝

图 2-6　观赏紫芝

三、提高灵芝短段木栽培效益

1. 原材料准备

（1）树种选择　段木选用青冈栎、白栎、石栎、锥栗等壳斗科和中华杜英、杜英、山杜英等杜英科树种。

（2）**段木准备**　砍伐段木应在 11 月～第二年 1 月，砍倒后带枝叶置于原地。当段木截面木心处可见有小裂纹时，将直径为 4 厘米以上的段木截成长 20~30 厘米的小段，断面平整。

（3）**栽培袋选择**　栽培袋规格为 25 厘米 × 45 厘米，厚 0.003~0.005 厘米，采用常压聚乙烯或高压聚丙烯栽培袋。

2. 装袋、灭菌

（1）**装袋**　把直径小于 10 厘米的段木绑扎成直径为 12~15 厘米的段木捆（图 2-7）。装段木时小心装入，再用木屑填充段木之间的空隙和两端袋口，最后扎紧袋口。

图 2-7　段木捆

（2）**灭菌**　常压灭菌加温至锅内温度达到 100℃后，保持 12~15 小时，停火 2 小时后立刻出锅。高压灭菌当压力升至 0.05 兆帕时排尽锅内冷空气，排放 2~3 次；锅内气压再升至 0.105~0.15 兆帕后保持 2 小时；待自然冷却至压力为 0 时，打开放气阀，将灭菌后的段木取出。

3. 无菌接种

采用接种箱、超净工作台、离子风机、接种帐等设备。使用 17 厘米 × 33 厘米规格的袋装菌种，每袋可接栽培袋 8~10 袋。

4. 菌丝培养

培养室应洁净、通风、控温、遮光。环境温度控制在 22~25℃，空气相对湿度控制在 60%~80%。将栽培袋摆放在床架或地面上（图 2-8），行距为 80 厘米，堆放 5~8 层。发菌 25 天，将菌袋上下、内外位置调

图 2-8　段木捆发菌培养

换。待菌丝长满段木，培养室内喷 3% 来苏儿消毒，袋口扎绳解开再松散系好。

5. 出芝场地选择

（1）场地选择和建设 选择水源充足、排灌方便、前 2 年未栽培过灵芝的地方。搭建高 2.5~3 米的荫棚，四周和棚顶覆盖透光率为 30% 的遮阳网。

（2）整地 选择晴天深翻栽培场地 20 厘米，暴晒 1~2 天后耙碎整平。用石灰画线，畦宽 110~120 厘米，两畦之间留宽 50 厘米的作业道，作业道上的土可用于覆盖菌段。

6. 脱袋覆土

用小刀将菌袋划开并脱掉，依次横放在畦面上，菌段间距为 5~8 厘米，行距为 10~15 厘米。摆放好后，在菌段间填满泥土，并覆盖厚 2 厘米的细土，以菌段不露出土面为宜。覆土后喷一次水，使覆土后含水量达 50%~60%。喷水后菌段表面外露部分及时补上覆土。

7. 出芝管理

出芝前保持床面湿润。适宜出芝条件为温度 26~28℃、空气相对湿度 80%~95%。出芝后，水分控制在盖缘表面有水珠为宜。菌盖长至直径为 3 厘米时，可直接向子实体喷水。当孢子散发时，停止向子实体喷水，空气相对湿度应降到 80%（图 2-9）。

8. 采收

当菌盖边缘白色生长圈消失并转为红褐色，菌盖表面色泽一致、不再增大时即可采收（图 2-10）。采收应选择晴天，用剪刀从芝柄基部整朵剪下，注意采收时不可触摸菌盖。

图 2-9 段木灵芝出芝管理

图 2-10 段木灵芝采收

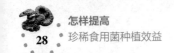

四、提高灵芝代料栽培效益

1. 选用特色原料和高效栽培配方

（1）特色栽培原料　主要栽培原料为阔叶树段木及木屑、棉籽壳、玉米芯等，辅助原料有麸皮、米糠、石膏和石灰等。各地应以当地优势资源为主料进行生产，如山东聊城、菏泽等地利用生产木糖醇留下的废渣为主料，较新鲜玉米芯价格低。有研究表明，大豆秸、豌豆秸、蚕豆秸、花生秸等豆科作物秸秆及玉米芯、玉米秸等粮食作物秸秆均可用作原料，生物转化率由高到低依次为棉籽壳、大豆秸、玉米芯、豌豆秸、蚕豆秸、花生秸（玉米秸）。

（2）高效配方

1）杂木屑 73%，麸皮 25%，糖 1%，石膏 1%。

2）棉籽壳 50%，杂木屑 28%，麸皮 20%，糖 1%，石膏 1%。

3）棉籽壳 80%，米糠 15%，豆粕 3%，糖 1%，石膏 1%。

4）棉籽壳 44%，杂木屑 44%，麸皮 10%，糖 1%，石膏 1%。

5）木糖醇渣 78%，石灰 2%，石膏 2%，麸皮 15%，过磷酸钙 2%，豆粕 1%。

6）茶枝屑 45%，棉籽壳 30%，麸皮 20%，石灰 3%，石膏 1%，磷肥 1%。

7）桑枝屑 50%，棉籽壳 30%，麸皮 15%，石灰 3%，石膏 2%。

8）猕猴桃树枝屑 30%，阔叶树杂木屑 42%，麸皮 25%，石膏 1%，过磷酸钙 1%，糖 1%。

9）桉木屑 65%，棉籽壳 15%，桑枝屑 10%，麸皮 10%。

以上配方的培养料与水的比例以 1:（1.2~1.3）为适，否则出芝期培养料极易干缩失水，影响产量和质量。料要吃透水，拌好后要堆闷 1~2 小时，然后翻一次堆，用手捏从指缝中有 4~6 滴水，表明含水量在 65% 左右。

【提高效益途径】

　　各地可将优势产业如猕猴桃、桑蚕、茶、牡丹等与灵芝有机结合，形成当地名牌，扩大产业效益，实现可持续发展。

2. 装袋

常压灭菌可以用（15~18）厘米 ×（33~38）厘米的低压聚乙烯袋子，

高压灭菌需要用高压聚丙烯袋，可以手工装袋，也可以使用机器装袋，以提高工作效率。

【注意】

　　袋两端不要装得太满，要留出接种空间；袋两端要清洁干净，以免杂菌感染。

3. 灭菌

　　袋装好后要及时灭菌，码袋时袋与袋之间留有空隙。高压灭菌前要放净冷空气，以免造成"假升压"以致灭菌不彻底，当压力达到 0.15 兆帕时保持 2~2.5 小时；常压灭菌时待温度升到 100℃时维持 10~12 小时，自然冷却。将灭菌的培养料出锅送入接种室冷却，降至 30℃以下便可接种。

4. 无菌接种

　　把降温后的菌袋移入接种室接种，接种前 1 天晚上用烟雾剂消毒，做到无菌操作，减少污染，采取两端接种办法，一般每袋栽培种接 20 袋左右。

【提高效益途径】

　　可 4 人一组，1 人负责接种，3 人负责解口、系口，密切配合。

5. 发菌

　　强壮的菌丝体是获得高产的保证。将接种后的菌袋转入培养室，横放于发菌架上，如果室温超过 28℃或料温超过 30℃，需增加通风降温次数，使温度稳定在 25~28℃。此外，室内保持黑暗，强光会严重抑制灵芝菌丝生长（图 2-11）。当两端菌丝向料内生长到 6 厘米以上时，将扎口绳剪下，以

图 2-11　袋栽灵芝发菌管理

促进发菌和菌蕾形成，从接种到长出菌蕾一般需要 25 天左右。

6. 出芝管理

　　养菌满袋后，按 90~100 厘米的行距，叠放 6~7 层，南北向排列，

开始打眼开口，开口以 1 元硬币大小为宜。开口后马上封严大棚，此时温度控制在 27~30℃，增加湿度，地面上明水（如温度过高，确实需要喷水降温时，应在菌袋上方加盖薄膜），光照以散射光为好，以覆盖在上面的草帘刚对接，每个草帘都有散射光下射为好，也就是"三分阳七分阴"的花花太阳（图 2-12）。2~3 天以后，空气相对湿度为 85%~90%，通风量逐渐增大，出芝时温度一直保持在 27~30℃。出芝过程中，每个袋口保留 1 个健壮的芝蕾，其余要疏除（图 2-13）。适宜条件下，一般从现蕾至采收约 40 天。

图 2-12　袋栽灵芝光照管理

图 2-13　袋栽灵芝疏蕾

【注意】

　　无论代料还是熟料短段木，大多在遮阳棚下筑高畦或室内层架式栽培，须注意栽培棚朝向、畦走向、栽培架间走道等应与当地夏季风向一致，否则棚内空气难以流动。栽培架排放应与大棚长轴平行，否则易产生鹿角灵芝（图 2-14），鹿角灵芝一般用于盆景制作。

7. 采收

　　菌盖由薄变厚，颜色由浅黄色变成红褐色，菌盖周围白色生长圈消失，菌管内散有少量孢子粉，菌盖变成漆光色泽，说明灵芝已成熟，应及时采收。采收时可用锋利的小刀从芝柄根部割下或用手直接拧断芝柄，采下的灵芝应及时放在干净的水泥场上晾晒，严防杂物黏附。

图 2-14　鹿角灵芝

【提示】

以采收子实体为目的时，多采用墙式代料栽培（图2-15）；以收集孢子粉为目的时，多采用地畦式栽培。

五、高效收集孢子粉

从白色生长圈消失开始，子实体菌盖不再增大，继续增厚，边缘由黄色变成棕褐色，菌盖表面颜色一致，有少量孢子粉开始弹射，此时子实体已基本成熟。成熟后孢子粉弹射量显著增加。单个孢子大小为5微米左右，凝聚了灵芝精华，含有全部遗传物质，具有保健功效。孢子粉的收集方式有以下4种。

图2-15　灵芝墙式代料栽培

1. 培养架密封收集技术

可以是原有的用于菌袋培养或出芝的培养架，也可以是专门用木材（最好是杉木，不能用松树、桉树、樟树等油性或气味浓的木材，有油漆的材料也不能用）、铝合金或不锈钢方钢等材料制作的培养架，培养架一次投资可多次使用。培养架的长、宽、高分别为180~200厘米、45~55厘米、200~220厘米，可分3~5层，层距为40~60厘米，底层离地面20~30厘米，每个培养架放规格为17厘米×33厘米的塑料袋灵芝菌包约200个。

当菌盖的黄白色边缘逐渐消失，开始有少量孢子弹射时，将菌包外表面擦抹干净，横放在培养架上，最后将整个培养架用白纸包裹好，也可以用白色棉布密封培养架。在离地面50~150厘米的位置设置观察口，在包裹培养架的纸或布上开1个边长为8~10厘米的方形口，用透明薄膜将开口封好，便于观察培养架里面孢子粉的弹射情况。

培养架用白纸或白色棉布完全密封后，温度应控制在21~28℃，空气相对湿度在80%以上，孢子释放的最佳温度为24℃左右，温度过高孢子弹射减少甚至停止。如果空气相对湿度连续低于60%，子实体停止产生孢子；如果空气相对湿度过高、通风不好，灵芝会二次生长，孢子减少甚至停止，并且易产生杂菌，影响孢子质量，甚至导致孢子收集失败。

白纸或白色棉布密封培养架收集孢子粉，可在室内、大棚、闲置厂房、农舍等场所进行。孢子粉产量高，弹射过程中不会混入杂质，这是目前收集孢子粉纯度较高的方法，值得推广。通常从上架到采集孢子粉需 25~35 天，具体时间根据场地环境温度、湿度及弹射情况确定。

2. 套纸筒收集技术

这是大棚内段木栽培灵芝时较常用的技术。取白纸皮（不能用印刷过字或图案的纸皮，印刷过的纸皮有油墨，易出现重金属超标或染料污染）做圆纸筒，规格为（30~36）厘米 ×（20~25）厘米，上口加大小适度的白纸盖（图 2-16）。子实体快要成熟时，也就是背面隐约可见咖啡色孢子时，要及时套纸筒。套纸筒前，将畦面抹平，然后在地面上铺塑料薄膜，用塑料薄膜盖住泥土，防止泥沙外露沾到孢子粉上。套纸筒时要先喷 1 次大水，把菌盖上面

图 2-16　套纸筒收集灵芝孢子粉

的灰尘等杂质冲洗干净。套纸筒要从上往下轻轻地套，避免划伤菌盖，用塑料绳在灵芝的根部扎牢，盖好准备好的白纸盖。

套纸筒后管理以保湿为主，空气相对湿度保持在 95% 以上，避免往纸筒上喷水，每天通风 3~4 小时。从套纸筒到孢子粉弹射结束为 2~3 周。弹射结束后，拆开纸筒，从菌柄底部剪下子实体，用刷子将纸筒及菌盖表面的孢子粉扫进不锈钢容器中，收集的孢子粉要及时干燥，可烘干，烘干后真空包装，于低温或阴凉处贮藏。

3. 小拱棚地膜收集技术

收集孢子粉前，将畦面抹平，然后铺上塑料薄膜，与地面上的泥沙隔开，在铺垫好的薄膜上铺上接粉薄膜（直径比菌盖大 3 厘米左右），搭建小拱棚，盖上薄膜，在封闭条件下，接收弹射出的孢子粉（图 2-17）。

图 2-17　小拱棚地膜收集灵芝孢子粉

收集方式同套纸筒收集方式类似。收集孢子粉时，揭开拱棚薄膜，将子

实体从基部剪切下来，把孢子粉扫入容器内，再将子实体排放在筛网上，最后轻轻提起接粉薄膜，将孢子粉收集到容器内。这种方式简单、易操作，但孢子粉产量较低，质量难以保证。

4. 风机吸附收集技术

孢子粉弹射时，将栽培房或大棚适当密封。大棚栽培时，地面最好铺上塑料薄膜隔离泥沙。根据栽培场地面积大小安装排气扇，排气扇数量和功率视栽培面积和栽培数量确定。在排气扇出风的一端套上白色布缝制的两端开口的筒状长袋，袋子直径稍大于排气扇出风口，套好后用绳子绑紧。袋子另一端用绳子绑紧，袋子长度一般为2~5米（图2-18）。当孢子粉开始弹射时，接上电源，孢子粉会被排气扇吸入布袋中，隔几天取出孢子粉，孢子粉若长时间放在布袋里，容易

图2-18　风机吸附收集
灵芝孢子粉

变质，影响品质。这种方法简单易行，但孢子粉产量和质量一般都不高。

【提示】

①代料栽培时，采取培养架密封收集灵芝孢子粉较好；段木栽培时，采用套纸筒收集为好。②无论采用何种方式收集孢子粉，从开始弹射到采收的整个过程都要密切关注环境温度、湿度和通风换气情况，勤检查，发现有污染的灵芝及时清除，尽可能让灵芝处于较好的环境条件之中，以提高产量和保证质量。③野生灵芝成熟时，孢子粉弹射后散发在空中，无法收集，所以市场上一般没有野生灵芝孢子粉。

六、提高灵芝盆景制作工艺

灵芝子实体独特的木质结构，使其成为盆景制作的上佳材料，灵芝盆景以其独特经典的艺术造型和传统的代表吉祥的意义，作为装饰工艺品点缀环境，彰显其艺术内涵并具有独特的观赏韵味。

1. 造型设计理念

以灵芝原材料为基础，明确设计理念。因子实体颜色多样、形态各

异，造型设计时可突显单个子实体的形态美，也可彰显多个子实体组合的造型美（图2-19）；可先设计形态再进行个体组合，也可以在组合过程中寻找灵感确定造型；还要与盆器（托）相衬。根据作品寓意挑选盆器材质、色调和形状。最后依据造型繁简，搭配适宜的小饰品，如微型桌几、亭台、鹅卵石或苔藓等，增加盆景意境和韵味。

图 2-19　灵芝盆景

2. 不同灵芝盆景的制作

（1）**单一子实体微型盆景制作**　若子实体较小，色泽及质感均具有艺术美感，可独立成为观赏品，配上色泽相近的底托或小盆器便可成为一个微型小盆景（图2-20）。子实体与底托或盆器固定时，以子实体的整体重心与底托或盆器的几何中心重合为宜，芝柄做5~10度的倾斜，制作方法简单，也适合儿童进行劳动教育或老年人进行劳动体验。

（2）**嫁接造型盆景制作**　用于盆景的灵芝栽培多采用细木捆在一起，缝隙处填充湿木屑做成大捆，

图 2-20　灵芝水晶盆景

按灭菌→接种→培养的程序养菌，菌丝长满木捆后埋入栽培棚的砂质土壤的基床内进行出芝管护。由于木屑对大捆中的小木棒的隔离作用，菌桩中会多点出芝，芝蕾长大后形成多灵芝合体的基本造型。灵芝未完全成熟呈半木质结构时，还可以根据造型设计任意定点嫁接，后续生长嫁接点会自然愈合为一体（图2-21）。栽培过程中设计嫁接，生长结束造型已基本完成，之后的落托或落盆相对简单，根据造型的繁简选择底托或盆器。

图 2-21　灵芝栽培过程中盆景制作

栽培过程中嫁接成型相对时间长，技术要求高（彩图3），既要有良好的设计基础，还要掌握一定的嫁接知识，同时要求有相应的食用菌栽培设施，因此从业者较少，仅适用于有栽培空间的专业人士操作。

（3）**人工拼接造型盆景制作**　选择大小各异、色泽相近的子实体，按设计蓝图逐一拼接。结合处用小铁钉加固，再用乳白胶黏合，24小时牢固后再进行下一次拼接直至成型，将黏胶处刷同色油漆遮盖美化。拼接完成后将整个造型底部固定在木方上，像栽树苗一样栽入适宜的盆器中，盆器的色泽与形状应与灵芝主体造型相配，盆器表面或装点蛭石仿山体或铺青苔仿林下植被，盆器表面如果有空白宜用微型小摆件美化。

【提示】

人工拼接造型的整个制作过程相对漫长，造型可简可繁，每次拼接都有阶段性惊喜，每个人均可按自己的审美完成作品，是最适宜园艺疗法的制作方式。园艺疗法是利用园艺劳作辅助病人疾病的健康疗养方法，通过减缓心跳速度、改善不良情绪、减轻肢体疼痛，达到病患身心康复的治疗效果。

（4）**异形灵芝子实体摆件制作**　灵芝生长过程中会有各种异形灵芝产生，尤其灵芝子实体生长初期多个围合，未完全木栓化的小灵芝会愈合成一体继续生长，形成异于常规灵芝的超大特殊个体（图2-22），预处理后可直接摆放在专用支架上作为摆件欣赏。

【提高效益途径】

园艺疗法作为一种调整心态和平复紧张的有效方法，正逐渐成为公众关注的焦点。灵芝盆景制作介于植物疗法和艺术疗法之间，以造型设计为园艺疗法的起点、以制作过程为园艺疗法的参与核心、以盆景作品为园艺疗法的劳动成果，集动脑、动手及收获为一体，必将成为园艺疗法中喜闻乐见且可操作性强的一种方式（图2-23和图2-24）。

图 2-22　异形灵芝

图 2-23　灵芝盆景：
五福梅开

图 2-24　灵芝盆景：
灵鹤延年

七、病虫害绿色防控

灵芝主要病害有青霉、绿色木霉（彩图 4），虫害有夜蛾科幼虫（彩图 5）等。防控措施是远离工矿企业的"三废"及微生物、粉尘等污染源。栽培场所应地势高敞、环境清洁。

1. 农业防治

选用抗逆性强的适龄菌种；选用优质培养基质；适时栽培，科学管理；搞好芝棚及周边环境卫生。确保芝棚内部在使用前清洁卫生，用生石灰消毒。

2. 物理防治

及时摘除病芝；受杂菌侵染的菌袋应远离芝棚处理；通风口安装 0.3 毫米孔径的防虫网；芝棚内悬挂黄色粘虫板、诱虫灯等诱杀害虫。

3. 化学防治

栽培前结合场地整理进行药剂消毒与灭虫，生产过程中应定期进行棚外环境消毒与灭虫。选用高效、低毒、低残留药剂或已在食用菌上登记、允许使用的药剂进行有针对性的防治，出芝期不得向子实体喷药，农药的使用应符合有关规定。

第三章
提高羊肚菌栽培效益

第一节　羊肚菌栽培概况和常见误区

羊肚菌（*Morchella*）一般指子囊菌门盘菌目羊肚菌科羊肚菌属的食用菌，不同地区俗称不同，也称作蜂窝蘑（山东）、羊肚菜（河北、四川）、羊肚蘑（辽宁）、羊肚子（山西）等，因其子囊果表面凹凸不平，呈褶皱网状，既像蜂窝，又像羊肚而得名，是全球美味食药用菌（图 3-1），被誉为"菌中王子"，最早收录于李时珍的《本草纲目》。中

图 3-1　羊肚菌

医认为其性平，味干寒，无毒，子实体富含蛋白质、多糖、核酸、多种微量元素及维生素，对头晕、失眠、肠胃炎症、脾胃虚弱、消化不良等有辅助治疗作用，还具有增强免疫功能，有抗疲劳、抗衰老、抗肿瘤、抗诱变、降血脂、预防动脉硬化和感冒等多种功效，深受人们喜爱，在国际市场十分走俏。

羊肚菌风味独特，味道鲜美，营养丰富。据测定，每 100 克羊肚菌含粗蛋白 28.1 克、粗脂肪 4.4 克，氨基酸多达 20 种，总氨基酸含量为 16.19%~19.50%，其中 7 种人体必需的氨基酸占氨基酸总量的34.97%~37.99%；维生素和矿物质含量也极为丰富，有些营养成分超过了冬虫夏草，是一种高档天然保健食品，被誉为"食品之冠"。现代食品工业利用羊肚菌的菌丝通过发酵技术开发调味品和食品添加剂，成为

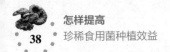

现代食品工业中一个创新亮点。

一、栽培概况

羊肚菌有极高的营养和药用价值，野生羊肚菌又极其稀少，因此国内外科学家投入大量精力进行人工栽培研究。最早可追溯至 1883 年，英、美、法等国开始了羊肚菌的人工栽培研究，直到 1958 年 J.Szuecs（沙克斯）首次在发酵罐内培养出羊肚菌的菌丝体。20 世纪 80 年代，美国旧金山的 Ronald Ower（罗纳德·奥厄）在室内成功地栽培出羊肚菌，但该技术对外严格保密，是美国 DNP 公司的秘密，并且在美国本土以外不能重复。

由于羊肚菌生物学基础知识匮乏、科研跟进较慢、栽培技术不成熟等，至 2006 年前后美国的室内栽培全部下线。我国科研人员及菇农在长期的探索中逐渐掌握了羊肚菌的大田栽培技术，在驯化栽培新品种的基础上，借助 Ower 的栽培理论，偶发性、创造性地开发出"外源营养袋"的补料环节（图 3-2），加速了我国羊肚菌栽培技术的发展，开启了人工栽培的新局面。

图 3-2　羊肚菌"外源营养袋"

羊肚菌属种质资源在我国广泛分布，至今已知共分布有 30 个羊肚菌物种，包括 17 种黄色羊肚菌和 13 种黑色羊肚菌。我国羊肚菌大规模栽培开始于 2012 年，种植面积每年以 50%~300% 的增速发展，其中梯棱羊肚菌、六妹羊肚菌和七妹羊肚菌 3 个品种，在四川、云南等地区被广泛应用于大田人工栽培。目前能栽培的黄色羊肚菌只有粗柄羊肚菌，该羊肚菌可以秋季出菇。

羊肚菌产业属于劳动密集型产业，当前主要为冬、春季的"冬播春收"模式。当前，我国羊肚菌产业已初步向优势区域集中，并形成了五大优势区域，分别是云南秋、冬、春羊肚菌，山西、河北、辽宁暖棚设施冬、春羊肚菌，川渝、湖南和湖北春羊肚菌，黄土高原、长江下游晚春夏初羊肚菌，以及川西、滇西北、甘南和青海夏、秋羊肚菌。羊肚菌不仅可以作为食品，在药品、保健品、饮料、化妆品等方面都有广泛的开发前景。开发多元化羊肚菌产品，延长产业链，是我国羊肚菌发展的必由之路。

二、常见误区

1. 相信羊肚菌菌种制种单位和媒体的片面宣传

我国的羊肚菌大田栽培技术处于世界领先地位，但看似火热的羊肚菌产业也隐藏着危机和挑战。回顾羊肚菌人工栽培历史，以前宣传的"基因工程""子囊孢子有公母之分""菌种有公母""羊肚菌有伴生菌"等都是不真实、不科学的。部分媒体希望放大宣传成功的一面以便炒作，制种单位也乐于配合这样的宣传。也有部分媒体报喜不报忧，使得羊肚菌产业"虚火过旺"，市场波动较大，菇农应根据可靠数据进行科学分析。

【提示】

作为新兴产业，在栽培技术、菌种理论、销售加工都不成熟的情况下，包括天气波动在内的任何环节不适宜都将造成产量下降，利润降低，甚至亏损。羊肚菌产量高低一般以 3 年或 5 年内的平均值来判断，种植时应以发展的眼光看它的产量。

2. 生产模式死搬硬套

羊肚菌栽培技术源自川渝一带的大田栽培，品种来源和栽培管理经验均基于此。我国地域辽阔、气候多样，发展羊肚菌时易出现设施、技术死搬硬套现象。

我国北方地区发展羊肚菌产业，须着眼于寒冷、干燥的气候特点，应规避冬季长期霜冻对土壤内菌丝造成的伤害，防控春季倒春寒对幼嫩小菇的冻伤和春季干燥空气对菇体健康发育的不利影响。可借助于温室大棚等设施化栽培技术保温保湿，发展羊肚菌生产（图 3-3）。

图 3-3　羊肚菌设施化栽培

3. 对栽培场地重视不够

羊肚菌对环境要求较为严格，稻田属壤土性质，保水保温性能好，

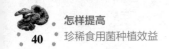

易于菌丝萌发生长，更适合羊肚菌栽培。稻田土壤中有大量水稻根腐殖质，是出菇量高的根本原因。沙地腐殖质含量低，不易持水，菌丝易干燥死亡。

4. 宣传力度不够

羊肚菌是名贵食用菌，但其知名度远不如灵芝、猴头菇、冬虫夏草等，民众普遍存在不认识、不了解、不会做、不消费的情况。这主要与羊肚菌生产企业或专家对羊肚菌的营养价值、保健价值、烹饪方法、文化等宣传推广太少有关。因此，强化宣传（图3-4），提高认知度，有利于羊肚菌产业持续健康发展。

图3-4　羊肚菌加工品

5. 知识产权意识不强

羊肚菌室外栽培技术由我国率先研发成功，该技术成果在国际上具有先进性，每年有大量的羊肚菌出口，为我国赚取了大量外汇。但对于这一拥有自主知识产权的专利技术的产权保护意识不够，地理标志产品认证较少，如果不在生产、加工等环节加强专利保护，在国际贸易中不可避免会出现产权纠纷。

第二节　提高羊肚菌栽培效益的途径

一、掌握生长发育条件

1. 营养

（1）碳源　羊肚菌是腐生型的土生菌，对营养要求不高。常见碳源有木屑、棉籽壳、玉米芯等农作物副产品，碳源添加比例为70%~80%，可以添加约1%的容易吸收的糖类，如蔗糖、葡萄糖、可溶性淀粉等，这些含量较少的易溶解吸收的营养物质可促进菌丝快速生长，减少污染率。

（2）氮源　常见氮源有麸皮、玉米粉、豆饼粉等，其含氮量从大到小为豆饼粉、玉米粉、麸皮，一般用量为麸皮10%~20%、玉米粉8%~10%、豆饼粉5%。

（3）**无机盐** 通常添加的无机盐为石膏、生石灰，可改善培养料理化性质，增加通气性及补充钙。生石灰不仅可以调高培养料的 pH，也有灭菌、杀虫作用。

【提示】

羊肚菌的菌丝有分隔，分隔处有缢缩，无锁状联合，异宗配合，常产生菌核。菌核是一种坚硬的无性细胞团，是羊肚菌的营养贮藏器官，在休眠阶段可助其度过不良的环境条件，尚未发现分生孢子或其他无性孢子。

2. 环境

（1）**温度** 羊肚菌属中、低温喜湿性菌类，子实体发生需要一个温凉及高低温交替、雨量适中的气候环境。菌丝在 3~28℃均能生长，适宜温度为 18~22℃，低于 3℃休眠，停止生长，高于 28℃也停止生长或死亡。孢子萌发适宜温度为 15~20℃。子实体在 4.4~22℃范围内均能生长，最适宜温度为 15~18℃。子囊果形成的地温为 12~18℃，最佳地温为 12~15℃，一旦超过 20℃所有幼小子囊果全部死亡（气温突然回升会导致菌丝来不及输送供给子囊果发育所需的营养，导致幼小子囊果死亡）。羊肚菌生长期长，除需较低气温外，还需要较大温差，以刺激子实体分化。

【注意】

考虑一个地区是否适宜种植羊肚菌，首先要看气候，羊肚菌出菇的基本条件是满足土壤温度在 8~18℃的天数有 30 天以上，空气温度低于 25℃。如果高温持续 1 周以上，土壤温度高于羊肚菌生长的适宜温度，此后即使出现倒春寒，也不会出菇。

（2）**湿度** 羊肚菌属高湿型真菌，栽培地区须雨水充沛，年均降水量达到 900 毫米，空气相对湿度为 65%~85%。它在营养生长阶段对土壤湿度不敏感，一般以 45%~55% 为宜（可参考土壤表面生长的青苔为湿度指标）；人工栽培培养基含水量以 60%~65% 为宜；子实体发育阶段空气相对湿度以 80%~90% 为宜。

（3）**光照** 羊肚菌菌丝体和菌核生长期不需要光照。光照过强会抑制菌丝生长，菌丝在暗处或微光条件下生长很快。光照对子囊果的形成有一定的促进作用，要求"三分阳七分阴"，子囊果的生长发育具有趋光性，但直射光容易导致局部地面温度超过20℃，引发死菇。

（4）空气　在暗处及过厚的落叶层中，羊肚菌很少发生，足够的氧气对羊肚菌的生长发育是必不可少的。二氧化碳含量超过0.3%时，子囊果瘦弱、畸形，甚至腐烂。

（5）酸碱度　培养基或土壤pH在5~8.2时，羊肚菌菌丝均可生长，但最适宜的pH在6左右。

（6）土壤　羊肚菌常生长在石灰岩或微碱性土壤中，中性或微碱性有利于羊肚菌生长，在腐殖土、黑色或黄色壤土、砂质混合土中均能生长，土壤pH以6.5~7.5为宜。

【提示】

　　土壤颜色深，长出的羊肚菌颜色一般偏黑；土壤颜色浅，羊肚菌颜色偏黄。

二、选择适宜的栽培季节

羊肚菌为低温型菌类，长江以南地区一般在10月中旬~11月中旬播种，多采用蔬菜大棚套种、大田土畦遮阳栽培等模式。长江以北地区一般在9月中旬~10月中旬播种，3月~4月下旬出菇，多采用大田土畦遮阳加盖薄膜或拱棚栽培模式。在辽宁、内蒙古、新疆等气温偏低的地区，多采用钢架温室大棚栽培，环境温度低于20℃即可栽培。

【提高效益途径】

　　①可结合当地"十里不同天"的地理气候特点，采用"春播夏收""夏播秋收""秋播冬收"和"冬播春收"模式，实现羊肚菌四季高效栽培。②一年栽培两次羊肚菌在高海拔地区相对容易实现，但羊肚菌出菇需要低温刺激，所以反季节种植时，能否具备低温条件是需要考虑的问题。羊肚菌当年秋季播种后，在第二年春季出菇，质量好；春季播种，当年秋季出菇，质量差。建议高海拔地区同年播种，应早播晚收，以提高子实体质量。

　　当前羊肚菌种植以川渝、湖北、贵州、河南为主，还有云南的高海拔区域，该地区种植面积约占全国总种植面积的75%，集中在春季上市，因此其价格在3~5月较低。目前有不少基地瞄准春节期间的消费旺季，有意调整生产时节，提早播种。北方地区借助于暖棚或加温措施，成功实现春节前鲜品上市，每千克售价在260~360元，且供不应求，效益明显提高。

【提示】

　　　日光温室栽培出菇期正处于元旦、春节两节期间，上市鲜菇较少，价格较高，但温室栽培也存在明显缺陷，由于通风差、二氧化碳含量较高，羊肚菌菌柄长且细，子囊果小而壁薄，降低了商品菇品质。

三、选择适宜的栽培场地和栽培模式

1. 栽培场地

　　可以在"三分阳七分阴"的林地中或花木行间闲置的土地上栽培，也可以室内床栽或室外荫棚畦式栽培。总之，场地不宜阳光直射，有树叶、遮阳网或大棚遮光即可。在林地或田间，土壤既能保湿又不积水最好，土壤pH为中性即可，栽培前可以用生石灰调节pH，也有杀菌效果。栽培场地旁要挖排水沟，以便及时排出积水。

2. 栽培模式

　　（1）平棚栽培　当前的羊肚菌栽培技术发源于川渝地区，该地区冬季低温期短、春季温暖湿润，极适宜羊肚菌生长发育（图3-5）。经过多年探索，平棚栽培羊肚菌在川渝地区

图3-5　羊肚菌平棚栽培

大面积推行，最大优势是投资小、不受地形限制、可耕作面积大；但在抗风、雪，抗低温和连续阴雨天气下抗湿方面存在明显不足。贵州、云南、湖北地区，在没有明显大雪和大风天气的情况下，平棚栽培是一

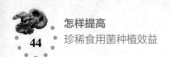

个不错的选择。

（2）林地栽培　2023年，我国人工林保存面积达13.14亿亩，包括防护林、用材林、风景林和经济林等。可以借助树木搭建遮阳网，并且林地土壤具有富含腐殖质、土质疏松、风力小、遮阳好、易保湿等优点，既可有效降低羊肚菌栽培管理成本，又可以实现高产（图3-6）。该模式近年来在四川、湖北、河南、陕西、河北、新疆等地得以大规模推广，成效显著。

（3）小拱棚栽培　该模式在成都周边使用较多，主要用于大规模的平棚之下，使用竹片或细铁丝作为骨架，用透明塑料薄膜在每个畦面上搭建独立的小拱棚，棚高40~50厘米（图3-7）。小拱棚可有效营造湿润温暖的局部气候环境，平均温度可提高1~2℃，并且可规避出菇季节连续阴雨天气对幼菇造成伤害。

图3-6　羊肚菌林地
栽培

图3-7　羊肚菌小拱棚
栽培

（4）大拱棚栽培　近年来大拱棚或简易蔬菜大棚栽培羊肚菌在长江流域一带，特别是湖北、四川、贵州、湖南地区大规模应用。使用竹子或钢管按照宽6~8米、高2.2~2.5米规格搭建大拱棚（图3-8），上覆遮阳网或塑料布，起遮阳、保湿和保温等作用。大拱棚的抗风雪和保温性能明显好于平棚，缺点是造价高，土地可使用面积明显缩小。对于贵州、重庆和湖北等长江流域地区及其他春季雨水过多不利于幼菇生长的区域，可用大拱棚栽培。河南、安徽等地，春季雨水稀少、干旱、风多，使用大拱棚应搭配使用遮阳网和塑料布。

（5）蔬菜大棚栽培 北方地区冬季寒冷，春季少雨、干燥、风大，自然环境不适宜羊肚菌生产。蔬菜大棚因利润有限而常有闲置，另有一些食用菌主产区政府投资建设的食用菌温室大棚等，为羊肚菌生产创造了便利条件（图3-9）。日光温室和蔬菜大棚的优势是可有效缓解外界天气波动对羊肚菌原基的刺激，极大确保原基成活率，提高产量；缺点是该模式造价较高，而连作障碍可能会削弱其优势。企业、菇农可租用相关设施生产，不必自己再投资建棚。

图 3-8　羊肚菌大拱棚栽培

图 3-9　羊肚菌蔬菜大棚背阴处栽培

【提高效益途径】

羊肚菌栽培通常都进行覆膜，发菌时会产生大量的二氧化碳和热量，出菇空气相对湿度要求达85%即可，利用日光温室进行果菇、菜菇套种模式生产羊肚菌，有利于平衡风险，提高效益。

（6）其他栽培模式 与各种藤架作物如猕猴桃、葡萄、无花果、吊瓜等套作项目近年得到有效尝试。近年来，太阳能基建在全国各地盛行，大面积连片的太阳能基建项目转为羊肚菌栽培方便，太阳能板可为羊肚菌遮阳提供便利，仅需解决水分和通风问题。近年来也尝试羊肚菌光伏大棚栽培，性价比较理想（图3-10）。

图 3-10　羊肚菌光伏大棚栽培

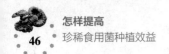

【注意】

按每亩地的棚体建设成本核算，从小到大为林下平棚建设、大田平棚建设、简易蔬菜大棚、常规蔬菜大棚、暖棚蔬菜大棚。从安全角度考虑，包括暖棚在内的各种蔬菜大棚最为安全，其次是林下栽培，最后是大田栽培。

四、制作优质菌种

1. 菌种培养基配方

（1）原种配方

1）栎木屑 50%，棉籽壳 30%，麸皮 15%，石膏 1%，糖 1%，过磷酸钙 1%，腐殖土 2%。

2）阔叶树木屑 76.5%，麸皮 20%，过磷酸钙 0.5%，糖 1%，石灰 1%，石膏 1%。

3）麦粒 97%，碳酸钙 1%，石灰 1%，糖 1%。

4）木屑 50%，砻糠 25%，麦粒 20%，石膏 1%，石灰 1%，腐殖土 3%。

5）杂木屑 75%，米糠或麸皮 20%，糖 1%，石膏 1%，过磷酸钙 1%，腐殖土 2%。

6）玉米芯（粉碎）40%，木屑 20%，豆壳（粉碎）15%，麸皮 20%，过磷酸钙 1%，石膏 1%，糖 1%，草木灰 2%。

【注意】

优良菌种生长初期，菌丝洁白粗壮，气生菌丝旺盛，爬壁性非常强；到了生长后期，菌丝体表面产生棕黄色粉末，菌丝体变黄。大部分菌株，培养 4~6 天后开始产生菌核，菌核初期呈白色、针尖大小；到了后期分散或呈凝集呈片状，芝麻粒至绿豆粒大小；菌核随着生长时间增长开始变黄，最终为棕黄色（图 3-11）。

制作栽培种时，一定要选择菌丝转黄的原种作为菌种，菌核是羊肚菌出菇的关键条件之一。腐殖土以杨树或泡桐树根基部土较好，其次是菜园土，土的腐殖质含量高，钙、镁元素会逐渐从土中析出，促进菌丝生长。

（2）栽培种配方

1）柞木屑10%，杨木屑30%，麦粒50%，稻壳6%，过磷酸钙1%，石灰2%，石膏1%。

2）棉籽壳75%，麸皮20%，石膏1%，过磷酸钙1%，腐殖土3%。

图 3-11　羊肚菌原种

💡【提示】

①羊肚菌栽培种使用方法和常规食用菌不同，可直接在开放环境下播种到田间。②菇农要有一个常识，即"品种好不代表菌种好，母种好不代表原种好，原种好不代表栽培种好，栽培种好不代表出菇好，每一个环节如原料配方、操作工艺、培养条件、管理技术，都会对它的质量产生影响"。③羊肚菌栽培中有六大要素：技术、菌种、季节、气候、土质、虫害。

2. 装袋

按配方将原料混合均匀，加入清水，含水量达65%时装袋。装袋要求松紧一致，将表面压平，擦净袋壁内外沾染的培养基，塞上棉塞封口（图3-12）。

3. 灭菌

高压或常压灭菌（图3-13），灭菌时间不能过长或压力过高，否则会破坏其中养分。

图 3-12　羊肚菌菌种制作装袋

图 3-13　羊肚菌菌种原料灭菌

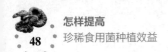

4. 接种与培养

无菌接种后在 16~18℃条件下避光培养，3 天菌丝萌发吃料，10 天菌丝布满培养基表面，20~25 天菌丝长满袋。培养期间尽量避免强光刺激，菌龄以不超过 50 天为好。菌丝寿命与温度有关，超过 30℃几小时就会死亡。

 【提示】

菌种费用在常规的羊肚菌项目中所占比例较高，不利于行业的稳步发展。菌种生产企业有责任在保证自身一定利润的前提下让利菇农，协同发展。

五、精细播种

1. 做好播种前的准备

（1）整地　在土壤表面均匀撒生石灰粉，每亩撒 100 千克，浇水至表层土下 25~35 厘米湿润。用旋耕机将土壤翻耕 2 次，整平，清除草根、石块。土粒最大直径不超过 1 厘米。

（2）起垄分畦　在平整的地表撒白石灰线，畦面宽 100~120 厘米，高 20~30 厘米，畦上开 4 条 "V" 字形播种沟，间距为 20 厘米，沟深 7~10 厘米、宽 4~8 厘米。畦间留宽 40 厘米的排水沟，沟深 30 厘米。

（3）浇水　对畦和沟进行喷水，储存水分。

（4）浅耕　畦内再次翻地，疏松土壤便于播种。

（5）搭建遮阳棚　搭建好遮阳棚，以便操作和为菌种提供良好的生长环境。羊肚菌种植大棚多为竹木结构（钢管棚），搭建好后盖上遮阳网（4~6 针，遮阳率为 60%~80%），长度和宽度以能压实底边为宜，以免大风破坏，还可以增加保湿效果，留出入口，方便管理。

2. 播种管理

（1）洗种　菌种用消毒水清洗，除去表面杂菌（图 3-14）。

（2）播种　当环境最高温度稳定在 15℃以下时，即可播种。

图 3-14　羊肚菌菌种

播种可采用开沟条播或撒播方式，每亩播种量为150~200千克。在畦床上开沟（图3-15），沟深5厘米，间隔20~25厘米。播种时先将菌种脱袋，然后将菌种掰成直径为1.5~2厘米大小，喷洒0.5%的磷酸二氢钾溶液混匀，使菌种湿润，再均匀撒至畦面或沟中（图3-16）。

图3-15　羊肚菌播种
畦床开沟

图3-16　羊肚菌菌种
撒播

【提示】

①播种量对产量有一定的影响，但播种量与产量不成正比，并且必须考虑播种成本与效益的关系；一般每亩用种量以300袋较适宜。②机械化播种是将菌种脱袋后放入机箱内，机器自动打散菌块，然后通过管道自动分配到下面的开沟齿后，随着沟齿前进自动均匀地播上菌种，随即部分粗土块自然掩盖菌种，或将菌种与土壤混合搅拌均匀。菌种播种的深度为5厘米，播种后再用刮板刮平土壤。③在栽培羊肚菌时，也有在垄沟内撒1层厚2~3厘米的基料，然后再把菌种均匀地撒在基料上，这种栽培方法叫有基料栽培。

（3）覆土　播种后，将预留排水沟挖出的土壤覆盖入播种沟，覆土厚3~5厘米（图3-17）。也可以利用旋耕机代替人工覆土，比人工覆土快，效率高。

（4）覆膜　播完种后，用黑色地膜覆盖菌床（图3-18），以保温保湿，防止强光直射，有利于羊肚菌菌丝定植和发菌。

图 3-17　羊肚菌菌种
播后覆土

图 3-18　羊肚菌菌种
播后覆膜

【提示】

　　如果土壤为粗土，畦面不平，覆膜效果较好；如果为细土，畦面平，覆膜效果不好，易影响通气性，导致畦面两侧出菇等问题。

3. 播后管理

（1）搭建荫棚　覆土完成后，在播种沟上插温湿度计。如果在室外生产，在畦面上用钢筋或竹片搭建高 60~80 厘米的遮阳网拱棚，四周用土压好；待室外平均气温降到 5℃以下时，再在遮阳网上覆盖 1 层薄膜，用于保温。如果在棚内生产，用黑色地膜覆盖菌床，以保温保湿，防止强光直射，有利于羊肚菌菌丝定植和发菌；在覆盖好的地膜上打孔（图 3-19），孔径 2~3 厘米，孔深 6~8 厘米，孔距 15 厘米，以增加土层透气性。

图 3-19　羊肚菌菌种播后
覆膜打孔

【提示】

　　大田栽培时，无论是人工播种还是机械化播种，播种后除了直接搭遮阳网外，还可以盖稻草或树叶防止太阳暴晒，但操作都必须在播种后当天进行，否则土壤湿度散失对菌丝萌发、生长不利。

（2）田间管理　播种完毕后，栽培棚内尽量减少人员活动，以降低杂菌感染概率。控制棚内温度不得低于菌丝体生长温度3℃，控制播种沟料内温度不得超过菌丝体生长温度15℃，空气相对湿度保持在75%。播种3天后可浇1次大水。其后根据天气情况和土壤湿度灌溉，采用漫灌、喷灌方法。畦内注满水，保持1~2天后放掉；喷灌保持地表土粒不发白。

【注意】

　　不可长时间洒水和浸水，以免木屑、麦粒等培养基腐烂变质感染杂菌。

（3）病虫害防治　注意观察土壤湿度和菌丝变化，发现病虫害用专用药剂及时处理，但不得破坏和影响菌丝正常生长。

六、制作、摆放营养袋

菌种播种20天左右，土壤表面会出现白色孢子，白色孢子很多、很厚时开始摆放营养袋。

1. 营养袋配方

1）柞木屑10%，杨木屑30%，麦粒50%，稻壳6%，过磷酸钙1%，石灰2%，石膏1%。

2）麦粒30%，阔叶树木屑30%，稻壳30%，腐殖土8%，石灰2%。

3）麦粒80%，稻壳18%，石灰1%，石膏1%。

4）阔叶树木屑40%，麦粒50%，稻壳4%，过磷酸钙1%，石灰2%，腐殖土2%，石膏1%。

5）麦粒40%，稻壳30%，草粉20%，麸皮10%。

配方中阔叶树木屑粒径为5~10毫米，麦粒浸泡24小时后使用。各配方调至含水量为50%~60%，pH为6.5~7.5。

2. 营养袋制作

营养袋用14厘米×28厘米或15厘米×30厘米的聚丙（乙）烯袋，用扎口机或绳子人工扎口。常规灭菌方法灭菌（和栽培种一致）。

3. 摆放营养袋

（1）摆放时间　菌丝大量延伸出地面（即地面上有"白霜"状菌丝形成）是摆放外源营养袋的最佳时间。摆放过早，土壤中的羊肚菌菌丝进入营养袋的速度较慢，容易被杂菌感染；摆放过晚，外源营养赶不上

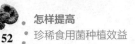

原基大量生成的时期，导致子实体形成较少，影响产量。

（2）摆放方法　选择营养袋的一个平面，用1厘米×1厘米钉板扎孔或开长8~10厘米的口子，有孔或口的一面朝下，顺播种沟位置摆放，行距为50厘米，袋与袋间距为40~60厘米，摆放时压平，尽量与地面接触。每亩摆放1500~2000袋（图3-20）。

图 3-20　摆放营养袋

【提示】

地面扣营养袋后，羊肚菌菌丝会蔓延进去，并把营养输送到各处。1个营养袋影响的半径为40~50厘米。

4. 田间管理

每天通风换气，保持棚内空气新鲜。气温高于18℃时，早、晚通风；气温低于15℃时，中午通风。棚内以弱散射光为主，光照强度为500~1000勒，避免强光直射（图3-21和图3-22）。

图 3-21　棚内光照管理

图 3-22　发菌管理

七、出菇精细管理

1. 催蕾

（1）营养刺激　营养袋下面和周边出现很多菌丝，随着时间推移

（一般40天左右），菌丝由浅白色变为乳白色，再变为浅土黄色，最后变成黄色（图3-23）。此时要及时把所有营养袋移出大棚。同时，注意观察棚内温湿度变化，一般温度控制在15℃左右，湿度保持在60%~75%。

【提示】

在不撤除营养袋的情况下，同样会生成原基，但数量不及撤袋的原基数量，并且在摆放营养袋的位置上无法出菇，因此产量也降低。

（2）水分刺激　采用微喷或微灌补水，使地面完全湿透，可持续2~3遍，或24小时内沿沟漫灌（图3-24），及时排走积水。

图3-23　羊肚菌菌丝

图3-24　水分刺激

（3）湿度控制　水分刺激后，土壤含水量达到80%~90%，通过微喷将空气相对湿度控制在85%~95%。

（4）温度控制　白天闭棚增温，确保地温达到出菇所需的临界温度5℃，至少保持4~5天。夜间掀开通风口降温，拉大温差，刺激出菇。

（5）光照刺激　采用地膜技术，前期菌丝处于黑暗环境，揭膜后暴露在一定强度的光照下，促进菌丝分化形成原基。

2. 出菇管理

（1）温度控制　早春，白天温度回升，但晚上温度和冬季差不多，这样较大的温差恰好适合羊肚菌的子实体生成。现蕾后控制棚内温度为4~16℃，以不超过18℃为宜。温度过高，羊肚菌生长过快，质量极差，

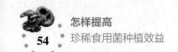
多木质化，羊肚菌顶端会干瘪，在潮湿的环境中会慢慢腐烂，极大地影响外观品质和口感，还会造成减产，需要棚外微喷降温。因此，棚内高温时要及时通风降温和采收。

【注意】

温度为25℃以上的时间不能超过2小时。

（2）湿度控制　出菇后15天左右羊肚菌幼菇有栗子大小，这时若地面过于干燥可以用喷雾方式喷水，同时适当通风。适时浇水，保持土壤含水量为50%~60%，空气相对湿度控制在85%~90%。每天通风换气，保持棚内空气新鲜。

【提示】

水分的管理通常要求"干干湿湿、干湿交替"。水分较少可促进菌丝生长，水分较多则促进子实体生长。因此，浇水的要点是勤喷、少喷，以喷雾状水为宜，保持土壤湿润即可（图3-25）。如果遭遇干旱，更要保持土壤湿润，否则会严重影响产量。水多时菇会死亡；棚内高温时（气温高的中午）喷水或喷水后棚内升温太快，导致棚内高温高湿，幼菇很容易死亡。

图3-25　水分管理

（3）通风管理　羊肚菌属好氧性真菌，子实体发育阶段要求通气良好。当二氧化碳含量高时，子实体瘦小、畸形甚至死亡，因此保持棚内良好的通风条件和土壤通透性至关重要。但要注意通风和温度的关系，既要通风又要保温，菇蕾幼小时，通风量过大会造成顶尖干死。

（4）光照管理　子实体形成和生长发育需要一定的散射光，半阴半阳的光照条件适宜羊肚菌生长，一般 3 月 15 日之前在棚上覆盖 1 层 6 针遮阳网，以后覆盖两层遮阳网（图 3-26）。

图 3-26　光照管理

（5）病虫害防控　防止病虫害发生，主要是创造适宜的温度和湿度环境，重点防止高温、高湿。保持环境卫生，开始催蕾时，可以将感染杂菌和生虫的营养袋移出，只留下好的营养袋继续提供营养。当子实体长到 1 厘米时，将营养袋全部移出，防止杂菌滋生和虫害发生。

八、及时采收和加工

1. 采收

当子实体菌帽褶皱充分展开时，应及时采收，采收应在晴天进行。采收时用小刀齐土面割下，避免带下周围较小的子实体。采后清除子实体基部的泥土，轻拿轻放置于保鲜筐内，避免挤压（图 3-27）。及时清理料上和地面上的菇根、死菇等残留物，将其运离栽培场所。

图 3-27　采收后的羊肚菌

【注意】

　　有的栽培者单纯追求产量，故意错过最佳采收期，导致产品的价值降低，这是不可取的。目前市场上小菇的价格明显高于大菇。羊肚菌栽培最终追求的应是投入产出比，因此单纯追求产量，低质低价，结果可能适得其反。

2. 加工

采收后，用剪刀将菌托的泥沙修剪干净，若菌盖和菌柄有创伤、变色部位，同时修剪整齐，应轻拿、轻剪、轻放，分级和修剪一次完成，

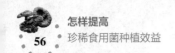

以免再次分级造成创伤。

　　及时晒干或烘干，干品装于塑料袋密封保藏（图3-28）。干燥加工时勿弄破菌帽。可利用烤房烘干或晒干，勿用柴火直接烟熏，以免影响质量，并放置在干燥、阴凉、通风良好、无异味的房间，离地面30厘米以上。在运输时，包装要严实密封，尽可能减少挤压和碰撞。

图 3-28　干羊肚菌

【提高效益途径】

　　羊肚菌可以做成冻品，冻品预计在未来会有较大的市场，原因是羊肚菌空心，肉质厚薄，适合于快速冷冻和解冻，在技术操作和最终消费环节具有明显优势；冻品可以保持羊肚菌的自然品性，在味道和口感方面具有优势；冻品可以长期储存，便于包装、运输、上架，受众群体较大。

九、提前预防出菇异常

　　（1）不出菇或死菇　一般播种60天可以出菇，迟迟不出菇或者幼菇出菇后死亡，原因可能是低温、通风大、喷水重、氮肥过多、有机肥不腐熟等。

　　（2）平头菇　原因是出菇期或原基期遇高温。如果平头顶部有干尖，可能是日灼和光照强造成高温引起的。

　　（3）躲猫猫菇　只在坑孔部位出菇，一般是通风大、湿度小或光照强所致。

　　（4）黄腿菇或暗柄菇　浇水过多、虫害、闷棚造成，也有可能采收偏晚，需要及时采收。

　　（5）长腿菇和跪地菇　棚内光照不足、通风过少所致，菇长大后需要适当增加通风。

　　（6）白发菇或白斑菇　高温和高湿所致，需适当通风和降温，"见白就采"可延缓病害扩散。一旦发现，及时用石灰或其他药剂进行杀菌处理。若是小面积或局部地块发生，则进行整体处理，宁可损失小面积产量，也要避免大面积传播。

（7）营养袋染杂菌　营养袋内出现黑点、绿点、深白厚菌，多为杂菌，需要拿掉，并在局部撒石灰粉。

十、重视分级销售

优质产品才能高效，所以在羊肚菌采收加工后要重视分级。

1. 产品基本条件

（1）鲜羊肚菌　含水量小于或等于90%，无异常外来水分；菌柄基部剪切平整，无泥土；具有羊肚菌特有的香味，无异味；破损菇小于或等于2%，虫孔菇小于或等于5%；无霉烂菇、腐烂菇；无虫体、毛发、泥沙、塑料、金属等异物。

（2）干羊肚菌　适期采收的鲜羊肚菌干制而成，具有正常运输和装卸要求的干燥度，含水量小于或等于12%；菇形完整，呈羊肚菌特有的菇形；菌柄基部剪切平整；具有干羊肚菌特有的香味，无异味；破损菇小于或等于2%，虫孔菇小于或等于5%；无霉变菇、虫体、毛发、塑料、泥沙、金属等异物。

2. 羊肚菌分级指标

羊肚菌的分级标准见表3-1和表3-2。

表 3-1　羊肚菌的分级指标

产品类型	等级	指标		
		外观	子囊果	菌柄
鲜羊肚菌	级内菇	菇形饱满，硬实不发软，完整无破损	褐色至深褐色，长3~12厘米	白色
	级外菇	级内菇之外，符合基本要求的产品	褐色至深褐色，允许有少量白菌霉斑	白色
干羊肚菌	级内菇	菇形饱满，完整无破损，无虫蛀	浅茶色至深褐色，长2~10厘米	白色至浅黄色
	级外菇	级内菇之外，符合基本要求的产品	浅茶色、深褐色至黑色，允许有少量的白菌霉斑	白色至黄色

注：按质量计，级内菇允许有5%的产品不符合该等级的要求，但应符合级外菇的要求。

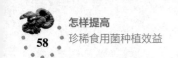

表 3-2 羊肚菌的规格 （单位：厘米）

产品类型	规格		小	中	大
鲜羊肚菌	子囊果长度		3~5	5~8	8~12
	菌柄长度		≤ 2	≤ 3	≤ 4
干羊肚菌	子囊果长度		2~4	4~7	7~10
	菌柄长度	半剪柄	≤ 2	≤ 3	≤ 4
		全剪柄	无柄		

第四章
提高长根菇栽培效益

第一节　长根菇栽培概况和常见误区

长根菇（*Oudemansiella radicata*）又名长根小奥德蘑、卵孢长根菇、卵孢小奥德蘑、长根金钱菌、露水鸡等（图4-1），商品名为黑皮鸡枞（在市场流通中常写作"枞"）菌，属担子菌亚门层菌纲伞菌目白蘑科小奥德蘑属。因形状像鸡枞菌，在云南民间又称为草鸡枞、露水鸡枞，四川西昌俗名大毛草菌，福建和台湾则称鸡肉

图4-1　长根菇

菇，是目前人工栽培食用菌中可以鲜食而无不良味道的菌菇之一。

长根菇营养丰富，富含蛋白质、氨基酸、维生素和微量元素等多种营养成分，氨基酸含量介于香菇和鸡枞菌之间，菇形清秀，肉质细嫩，柄脆爽口，兼具草菇的滑爽、金针菇的清脆和香菇的醇厚风味。长根菇也有药用价值，其子实体和培养液中均含有长根菇素（Oudenone），据药理试验，高血压患者常食并与降压药物合用，降压效果极为显著。同时，其热水提取物对小白鼠肉瘤 S-180 有明显抑制作用，经常食用可增强机体免疫力，是一种理想的健康食品。

一、栽培概况

20 世纪 80 年代初期在我国人工栽培已经成功，但未实现规模化生产。随着近年来"南菇北扩"，长根菇已发展成优质高档食用菌。现阶段栽培的种类多数为长根奥德蘑，由于能在夏季出菇，可调剂鲜菇市场短缺，栽培技术简单，易于成功，大面积栽培生物学效率仍可达80%~100%，目前，长根菇在我国已经展开了商业化栽培，主产地有四川、福建、江西、浙江、上海、山东、云南及广西等。产品主要是鲜菇和干菇（图4-2），在各地农贸市场、超市常年供应。它的食用和保健价值高，市场价格较高，非常畅销，经济效益较好，发展前景广阔。

图4-2　干长根菇

二、常见误区

1. 将长根菇与鸡枞菌混为一谈

虽然两者个体基部都有1个"根"，但长根菇并非鸡枞属的真菌，真正鸡枞菌的"根"长于白蚁窝（白蚁巢穴）上，而长根菇的"根"长在土中腐木上（彩图6）。形态解剖学和分子系统学证据也都将长根菇指向长根菇属的卵孢长根菇（卵孢小奥德蘑）。它在有性生殖时产生4个担孢子，无性生殖时产生2个担孢子。

【提示】

　　长根菇是土生型木腐菌，鸡枞菌则与白蚁共生（目前还无法人工生产）。

2. 栽培场地选择随意

长根菇比较娇贵，露天栽培要么出菇不整齐，费工费力；要么长出的产品品相不好，卖不到好价钱。如果用废弃养殖（鸡、鸭等）棚（图4-3），杂菌会极大地影响其生长，降低产量和品质。

图4-3　利用闲置鸡棚栽培长根菇

3. 不注重采收分选环节

卖相好才能卖个好价钱，长根菇刚长出来时外形可爱。温度较高时，子实体生长较快，外形变差，应及时采收。若生产过程中采收时间比较固定或采收不及时，导致产品开伞较多，加上不注重产品分级、筛选，造成生产效益下降。

第二节 提高长根菇栽培效益的途径

一、掌握生长发育条件

1. 营养

长根菇是土生型木腐菌，分解木质素能力较强，对营养要求不苛刻，对氮源要求中等，人工栽培以棉籽壳、木屑、玉米芯、甘蔗渣、菌草为主要原料，以麸皮、细米糠、玉米粉作为氮源补充，其中以棉籽壳为主料产量较高。

2. 环境

（1）温度 野生菇多发生在夏末至秋末，中温型。菌丝生长温度为 13~31℃，最适温度为 20~26℃；出菇温度为 15~30℃，适宜范围为 25~29℃，最适覆土地温为 22~25℃，保持昼夜温差为 4~10℃，拉大温差有利于出菇。

【提示】

菌丝生长适温、出菇适温较为一致，这与多数食用菌不同。

（2）湿度 菌丝生长培养料最适含水量为 60%~63%，覆土材料最适含水量为 25%~40%，出菇阶段最适空气相对湿度为 85%~92%。

（3）空气 长根菇是好氧性真菌，发菌和出菇阶段均要求空气新鲜，特别是出菇阶段需氧量较大，二氧化碳含量应控制在 0.03% 以下。

（4）光照 菌丝体生长不需要光照，黑暗条件下菌丝生长得洁白粗壮，不易老化。光照刺激有利于子实体分化，人工栽培菇棚（房）控制"三分阳七分阴"，光照强度控制在 100~300 勒，每天有散射光照 6 小时即可。

【提示】

　　大棚种植一般要加遮阳网，阳光直射到菇体上，菇体温度升高，会发生溃烂、空心、软绵等。夏季直射光会让土壤局部温度升高，产生烧包现象，多发生霉变、虫害等。初春季节气温不高、菇蕾未分化时，可利用阳光直射提高菌包温度，但切不可使菌包温度过高，一旦菇蕾长出立即停止阳光直射。

　　（5）酸碱度　喜微酸性至中性环境，pH 为 5.4~7.2 较适宜。配料及覆土中可适量添加石灰。

　　（6）土壤　覆土不是出菇的必要条件，主要起保湿作用，能很好地形成子实体，出菇效果好；不覆土也能形成子实体，但菇形不完整，产量较低。

二、选择适宜的栽培季节、场地和配方

　　一般的栽培及加工工艺流程为：固体栽培种或液体菌种制备→配料、拌料、装袋→灭菌、冷却→接种→菌袋培养→后熟培养→覆土培育→出菇管理→采收→削根、整理分级→透冷包装→冷藏及冷链运输。

1. 栽培季节

　　出菇季节为 4~11 月，成熟周期一般要求适温下菌龄达 60 天以上（菌袋生产需提前 2~3 个月）。其他地区应根据当地的气候条件，合理安排生产季节。

【提高效益途径】

　　接种一般安排在冬初年末，此时接种的原因一是农活少，养菌温度适合，可大大降低污染率，可提高第二年单产；二是有条件的菇农可在冬季提高温度，春节前后气温低的条件下出菇，价位高；三是随着季节的变化，天气变暖更适于菌丝生长。

2. 栽培场地

　　选择土壤肥沃、腐殖质含量高、团粒结构好的地面作为栽培场所，也可利用空闲房屋、食用菌出菇棚（图 4-4）、光伏大棚（图 4-5）、林间和果园空地或田间耕地。要求地势较平坦，有清洁水源，不积水，附近无污染源。室外场地应清除杂草、石块，平整土地，场地四周挖好排水沟。遮阳率要求达到 70%~80%，不符合要求的，可用遮阳网或各种秸秆

搭建遮阳棚。使用之前要清洁卫生，进行消毒灭虫处理。

图 4-4　食用菌出菇棚

图 4-5　光伏大棚

3. 栽培配方

1）木屑 20%，甘蔗渣 15%，玉米芯 15%，棉籽壳 20%，麸皮 26%，玉米粉 2%，轻质碳酸钙 1%，石灰 1%。

2）棉籽壳 60%，杂木屑 20%，麸皮 18%，糖 1%，轻质碳酸钙 1%。

3）杂木屑 68%，麸皮 20%，玉米粉 4%，棉籽壳 4%，糖 1%，过磷酸钙 1%，轻质碳酸钙 1%，石膏 1%。

4）杂木屑 45%，棉籽壳 20%，玉米芯 18%，麸皮 12%，豆粕 3.5%，石膏 1%，石灰 0.5%。

5）杂木屑 78%，麸皮 20%，石膏 1%，糖 1%。

6）玉米芯 54%，豆秸 30%，麸皮 15%，石膏 1%。

7）杂木屑 18%，棉籽壳 40%，玉米芯 20%，麸皮 20%，糖 1%，石膏 1%。

三、制作高质量菌袋

1. 拌料

任选一种配方，棉籽壳、玉米芯需提前预湿，将其他料加入搅拌均匀，含水量控制在 60%~63%，pH 调至 7~7.5。

【提示】

　　拌料要求做到"三均匀一充分"，即原料和辅料均匀、干湿均匀、酸碱度均匀，料吸水充分。

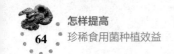

2. 装袋

选用 17 厘米 ×32 厘米或 15 厘米 ×32 厘米的低压聚乙烯袋，装料适当偏紧，17 厘米 ×32 厘米的袋装湿料 1~1.1 千克，15 厘米 ×32 厘米的袋装湿料 0.85~0.90 千克，海绵套环封口或直接用细绳捆口。

3. 灭菌

采用常规方法高压或常压灭菌。

4. 冷却、接种

冷却后在接种箱或无菌室接种，接种量要求能填平预留孔穴，并在表面平铺 1 层菌种。

5. 菌袋培养

菌袋进入培养室前，室内应彻底清洁，喷洒杀菌杀虫剂，关闭门窗，用气雾消毒剂熏蒸。接种后菌袋在培养室的码放方式和高度根据当时的气温决定（图 4-6）。室内温度控制在 20~24℃，空气相对湿度控制在 60%~70%，遮光培养，注意通风换气，保持室内空气新鲜。接种后

图 4-6 菌袋培养

1 周应检查栽培袋，观察菌丝生长情况，发现污染袋应及时清理。此后，再做 1~2 次检查。

一般培养 30~45 天，菌丝长满袋。再培养 25~30 天，菌袋料面气生菌丝变为褐色菌被，出现密集的白色菌丝或少量黑褐色小菇蕾时，是菌袋生理成熟的标志（彩图 7），此时便可进入出菇管理。若发现菌袋表面有褐色菌皮，是培养期遇到高温产生黄水，菌丝由黄水长期浸泡料面所致，开袋时在挖除陈旧菌种块的同时耙掉菌皮。

【提示】

准备出菇标志：①培养基变成黄白色，有弹性。②基质表面菌丝扭结成棕褐色至暗褐色菌皮，可见细密的黑褐色茸毛。③同批次菌包，10%~15% 出现原基和分化出正常子实体。④培养室可闻到较浓的菌香味。

四、选择适宜的栽培模式

1. 室外大（小）拱棚栽培

利用闲置蔬菜大棚或临时搭盖出菇棚（图4-7），将成熟菌袋脱袋后整齐排放在畦面上，覆土2~4厘米厚。用遮阳网或盖草遮阳，达到"三分阳七分阴"。该模式简便易行、产量稳定，便于示范推广。

图4-7　小拱棚栽培长根菇

【提示】

夏季出菇，做宽1米、深18厘米的畦床，低于地面呈凹式，床底平整，畦床南北向，两畦之间留宽50厘米的作业道。冬季低温出菇，与夏季相反，菇畦设置为凸式，高出大棚地面，有利于调控覆土层温度。冬季出菇时在作业道上撒石灰粉或草木灰，既有利于改善地温，又能消毒防虫；也可在菇畦表面及作业道上均匀铺1层干麦秸，厚4~5厘米，或覆盖草苫，以利于蓄热保温，缓冲出菇后昼夜温差。

2. 室内层架式栽培

层间高60厘米，设3~4层。打开成熟菌袋袋口，反卷袋口4厘米高，袋口料表面覆盖3厘米厚细土（图4-8），该模式有利于提高管理效率。

3. 林地仿野生栽培

选择地势平坦、近水源的林地、果园、毛竹林，成熟菌袋脱袋后埋入土中，上盖细土3~4厘米厚。保持覆土湿润，即可自然出菇，该模式投入少、省工，但出菇时间不好准确把握，出菇比较分散。

图4-8　长根菇层架式栽培

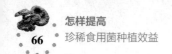

五、提高覆土质量

1. 覆土材料准备

覆土材料应提前准备好，选用大田耕作层地表 30 厘米以下无杂草、无砂石且前茬未种过食用菌、富含腐殖质、透气性良好、疏松肥沃的壤土或黏壤土，泥炭土和草炭土更好。覆土材料先暴晒 2~3 天，打碎成细颗粒，再喷消毒杀虫药液，拌匀后覆膜密闭 7 天，覆土前要将消毒过的土充分换气。

【提示】

不覆土也可出菇（图 4-9），但产量不如覆土高。

2. 覆土时间

当菌丝生理成熟，气温白天稳定在 20℃以上，夜间不低于 10℃时，便可进入出菇管理。出菇方式分袋内覆土和脱袋覆土。当菇棚地温稳定在 18℃以上时，即可进棚脱袋覆土。

3. 覆土方式

（1）袋内覆土 室内栽培多采取短袋袋内覆土，便于搬运（图 4-10）。将菌袋直立排放在地床上，做宽 1 米的菌床，四周用竹竿等固定。打开袋口，袋口反折至高出基质面 3 厘米，然后覆土 3 厘米厚，填实，盖平，含水量控制在 20%，菌袋排放密度为 60 袋 / 米 ^{2}。

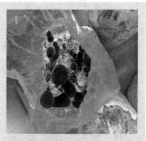

图 4-9 长根菇不覆土出菇

（2）脱袋覆土 做宽 1.2 米、深 20 厘米、长度依场地而定的畦，畦间留宽 50~60 厘米的操作道。出菇畦床底部撒一薄层生石灰粉，也可用 1%~2% 的石灰水浇灌 1 遍，或用 40% 二氯异氰尿酸钠可溶性粉剂 800 倍液进行喷洒消毒处理。将生理成熟的菌包用刀尖划开，脱去塑料袋，于二氯异氰尿酸钠消毒液中浸泡一下，随即取出，接种口朝下，放于畦床上（短袋直立、长袋横卧）（图 4-11）。菌袋间留 3~5 厘米的空隙，用细土粒填满空隙，再覆 3~4 厘米厚的土。

图 4-10　长根菇袋内覆土

图 4-11　长根菇脱袋覆土

【注意】

　　覆土材料中生石灰加入量不超过 0.5%。菌包第一次覆土 2 厘米后浇 1 次大水，然后再补充覆土，总厚度为 3~4 厘米，将畦面土层整平，不再浇水。

4. 覆土后管理

　　喷水调节覆土层含水量至湿润状态（图 4-12 和图 4-13）。喷水要分次进行，以免水渗入菌袋内。土壤含水量以手捏土粒扁而不散、不粘手为宜。畦上搭建塑料小拱棚，保湿和防止雨水进入菌床。温度控制在 15~28℃，拉大昼夜温差在 10℃以上。每天根据天气情况进行通风换气。

图 4-12　长根菇覆土后管理

图 4-13　长根菇覆土 15 天后菌膜

【提示】

覆土培育期和出菇期均忌高温闷棚和积水浸泡，否则导致不出菇、杂菌生长或菇蕾、幼菇死亡，严重降低产量和质量，应提前采取预防措施。

5. 虫害防治

覆土后，一般每 60 米³ 的库房内必须均匀悬挂 6~8 盏杀虫灯，主要用于灭杀菇蚊成虫，减少菇蚊成虫产卵量。

六、出菇精细管理

1. 出菇前

控制棚温为 23~30℃，地温为 20~25℃，昼夜温差控制在 8℃以内。当覆土表面有少量白色菌丝出现时，适量喷水并加大通风量，控制菇棚内温度为 24~28℃，土壤温度为 22~25℃，昼夜温差控制在 5℃以内，不宜过大；空气相对湿度保持在 85%~90%，以促进出菇。

【提示】

偏低温环境生长较慢，菇体粗壮色深，菌盖厚、圆整，柄短，品质较好；偏高温环境生长较快，菇体细弱色浅，菌盖薄、开伞，柄长，品质较差。

2. 原基分化阶段

棚内光照强度保持在 100~300 勒（图 4-14），少量通风，保持棚内温度、湿度相对稳定。待菇蕾陆续形成时，初期适度多通风，幼菇生长期逐渐减少通风，棚内二氧化碳含量保持在 0.2%~0.3%。

3. 大量出菇期

棚温保持在 15~28℃，覆土地温保持在 22~25℃；空气相对湿度保持在 85%~92%，保持土壤湿润（图 4-15），主要向空中和地面喷雾状水；保持菇场内空气流通、清新，二氧化碳含量控制在 0.3% 以下；光照强度保持在 100~500 勒，避免阳光直射。

图 4-14　长根菇出菇光照管理

图 4-15　长根菇出菇管理

【提示】

　　夏季可在菇畦中定期、均匀、适量喷灌大水以降温保湿，可每隔 5~6 天在菇床上喷施 1% 石灰水上清液、40% 二氯异氰尿酸钠可溶性粉剂 1000 倍液或植物源杀虫药物，防止长根菇发黄、染霉、枯蕾、死菇、虫螨等危害。

4. 采收

　　单株（丛）从现蕾到子实体采收，一般需要 6~9 天。优质商品菇生产应在八成熟、菌盖尚未完全展开前采收（图 4-16）。

图 4-16　长根菇采收

　　采收前 1 天停止喷水，采收时用手指夹住菌柄基部轻轻扭动并向上拔起，将根部一起拔出，不要掰断菇根。采收时要轻拿轻放，集中将菌柄基部的假根、泥土和杂质削除。菇床表面不能残留菇根和残菇、死菇，应保持棚内环境和覆土层清洁卫生。

5. 转潮管理

　　每采收完 1 潮菇，清理菇床残留物，补充覆土，停水养菌 3~5 天后，再喷水增湿、增加通风量、加大温差刺激催蕾，一般可收 2~3 潮。大棚覆土地栽长根菇总生物学效率可达 70%~90%。

【注意】

盛装器具应清洁卫生，避免二次污染。

6. 产品分级

（1）一级　产品呈棕黑褐色、基部略白，长度为 60~80 毫米，菌柄直径为 15~20 毫米，菌盖直径小于或等于 25 毫米，菌盖高度大于或等于 15 毫米，开伞角度小于或等于 45 度，菇体完整、圆正，无泥菇（图 4-17），无气生菌丝，含水量为 88%~89%。

（2）二级　产品呈棕黑褐色、基部略白，长度为 50~80 毫米，菌柄直径为 12~14 毫米，菌盖直径大于或等于 25 毫米、小于或等于 30 毫米，菌盖高度大于或等于 10 毫米、小于 15 毫米，开伞角度大于 45 度、小于或等于 60 度，菇体较完整、无破损，无泥菇（图 4-18），无气生菌丝，含水量为 90%~92%。

（3）三级　产品呈棕黑褐色、基部浅白，长度为 50~120 毫米，菌柄直径为 8~11 毫米，菌盖直径大于 30 毫米，菌盖高度小于 10 毫米，开伞角度大于 60 度，菇体较完整、无破损，无泥菇（图 4-19），无气生菌丝，含水量为 90%~92%。

图 4-17　一级长根菇　　图 4-18　二级长根菇　　图 4-19　三级长根菇

（4）三级以下　畸形菇，菇体破损 25% 以下，无泥菇，含水量为 90%~92%。

【提示】

鲜销时需预冷 4~6 小时后，在 1~4℃ 条件下冷藏，可保鲜储运 3~5 天。

第五章
提高猴头菇栽培效益

第一节　猴头菇栽培概况和常见误区

猴头菇（*Hericium erinaceus*）属层菌纲多孔菌目齿菌科，又名猴蘑、阴阳蘑、对脸蘑、花菜菌等（图5-1），因外形酷似猴头而得名，是一种珍贵的食用菌，又因长得像刺猬，有刺猬菌的称号。它的菌肉极其嫩滑，甚至有人把它称作素菜中的荤菜。猴头菇自古以来就被称为"山珍"，将其归入"八大山珍"中的"上八珍"，与燕窝、熊掌、鱼翅并称为"四大名菜"，有"山珍猴头、海味燕窝"的美誉。

猴头菇具有极高的营养和药用价值，每100克干品含蛋白质26.3克、脂肪4.2克、碳水化合物44.9克、粗纤维6.4克。猴头菇性平，味甘，利五脏，助消化。现代医学研究表明，猴头菇具有多糖、低聚糖、猴头菌素、腺苷、漆酶、猴头菇酮、氨基酸等活性成分（图5-2），可提高人体免疫力，具有抗肿瘤、抗衰老、降血脂等多种生理功能，对胃黏膜上皮的

图 5-1　猴头菇

图 5-2　猴头菇提取物

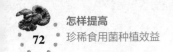
再生和修复有十分重要的作用，可缓解消化不良、神经衰弱、胃溃疡、胃痛、胃胀、胃窦炎等，是一种非常好的食药两用菌，具有良好的开发前景。

一、栽培概况

三国时代沈莹所撰写的《临海水土异物志》有如下记述："民皆好啖猴头羹，虽五肉臛不能及之。"明代徐光启的《农政全书》中记载："他如天花、麻姑、鸡𡙇、猴头之属，皆草木根腐坏而成者。"猴头菇在明、清时期被列为贡品。

在我国东北，猴头菇又叫对儿蘑、对脸蘑或鸳鸯对口蘑。每到猴头菇成熟的季节，采山人便钻进深山老林，寻找它的踪迹，每当发现一棵树上有猴头菇，与它的朝向相对的树上，必定能找到另一朵。采山人非常好奇猴头菇的生长规律，认为猴头菇是神秘而有灵性的（图5-3）。

图 5-3　野生猴头菇

猴头菇营养丰富，有养胃功效，这一点与食疗理念不谋而合，猴头菇饼干应运而生，食疗养胃也成为一种时尚。很多企业开始推出相关产品，较为出名的是猴菇饼干、猴菇米稀等，不仅有以猴头菇为原材料的药品，也涵盖其他的食品及食品添加剂。我国以猴头菇为原料的发明专利和产品极多，主要是以猴头菇为原料研制的酒、猴头菇罐头、猴头菇果冻和掺有猴头菇的蛋糕；国外以猴头菇为原料的产品专利也逐渐增加。

随着栽培技术不断提高及市场需求不断扩大，近些年来猴头菇种植行业发展得十分迅速，如黑龙江海林市建成国家级猴头菇标准化示范区，福建古田县吉巷乡建起了猴头菇专业村，浙江常山县也开启了猴头菇"二次创业"的进程，猴头菇生产迎来了新一轮发展春天，国内外的发展形势都被看好。

【提示】

猴头菇也可和其他产业融合发展，如四君茶的主要功效是健脾益气，猴头菇的养胃功效特别好，两者相融合，可以达到健脾养胃的目的。

二、常见误区

1. 大众认知误区

虽然猴头菇逐渐开启了一种通过食用菌类追求饮食健康的风尚，但大众对它的认知也仅限于饼干、饮料等加工食品，对其认知，还不能与它"山珍"的地位相符，也极大限制了产品的深层开发和质量标准的制定。将猴头菇进一步开发成化妆品、功能性食品和药品还具有极大的市场潜力。

2. 干品的选购、食用方法误区

消费者出于保健心理，会选购一些干品（图5-4），但由于对干猴头菇的正确食用方法掌握不好，导致购买的产品不符合心理预期，造成消费黏性不高。

3. 鲜猴头菇食用方法误区

生产者、消费者认为新鲜猴头菇不处理或稍加处理就可以食用，但新鲜的猴头菇表面长满了毛茸茸的刺状物，它们的长度接近3厘米，在这些刺状物中会有灰尘、细菌等存在，影响食用。

图5-4　干猴头菇

【提示】

　　鲜菇的处理方法：用1%的淡盐水浸泡0.5小时，然后用流水反复冲洗，冲洗干净后再放到沸水中焯烫2分钟，焯好后取出，把猴头菇中的水分全部挤掉，这样能去除它的苦涩味道，吃起来更美味。

第二节　提高猴头菇栽培效益的途径

一、掌握生长发育条件

1. 营养

猴头菇是木腐菌，分解木材能力很强，能广泛利用碳源、氮源、矿

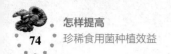

质元素及维生素等。人工栽培时，适宜树种的木屑、甘蔗渣、棉籽壳等是理想碳源；麸皮和米糠是良好氮源，其他能利用的氮源还有蛋白胨、铵盐、硝酸盐等。

它的生长需要适宜的碳氮比（C/N），菌丝生长阶段以 25：1 为宜；子实体生长发育阶段以（35~45）：1 最适宜。此外，还要吸收一定数量的磷、钾、镁及钙等矿质离子。

【提示】

木屑需先过筛，去除木块等杂质，然后建堆喷淋，保持 3 个月以上；玉米芯和棉籽壳在使用前需提前预湿，防止因原材料颗粒有"夹干"而导致灭菌不彻底。尽量使用陈旧木屑，新鲜木屑不如陈旧的好，其他辅料用当年的不含有毒害菌丝的麸皮和米糠，应无虫蛀、无霉变。

2. 环境

（1）**温度**　菌丝生长温度为 6~34℃，最适温度为 20~22℃。低于 6℃时，菌丝代谢作用停止；高于 30℃时，菌丝生长缓慢、易老化；35℃停止生长。子实体生长的温度为 12~24℃，以 18~20℃最适宜。高于 25℃时，子实体呈分枝状、球块小、刺长或不形成子实体；低于 14℃时，子实体开始发红，随着温度的下降，色泽加深，味苦，食用价值降低。

（2）**湿度**　培养基质的适宜含水量为 60%~70%，含水量低于 50%或高于 80%，原基分化数量显著减少，子实体晚熟，产量降低。菌丝培养发育阶段空气相对湿度以 70% 为宜；子实体形成阶段则需要达到 85%~90%，此时子实体生长迅速而洁白。如果低于 70%，则子实体表面失水严重，菇体干缩，变成黄色，菌刺短，伸展不开，导致减产；如果空气相对湿度高于 95%，则菌刺长而粗，菇体球心小，呈分枝状，形成"花菇"。一个直径为 5~10 厘米的子实体，每天水分蒸发量达 2~6 克。

（3）**空气**　猴头菇是好氧性菌类，对二氧化碳含量非常敏感，当空气中二氧化碳含量高于 0.1% 时，就会刺激菌柄不断分枝，形成珊瑚状畸形菇，因此保持菇房空气新鲜非常重要。

（4）**光照**　菌丝生长阶段基本上不需要光，但在无光条件下不能形成原基，需要有 50 勒的散射光才能刺激原基分化。子实体生长阶段则需要充足的散射光，光照强度在 200~400 勒时，菇体生长充实而洁白；但光照强度高于 1000 勒时，菇体发红，质量差，产量下降。

【提示】

子实体的菌刺生长具有明显的向地性，因此在管理中不宜过多改变容器的摆放方向，否则会形成菌刺卷曲的畸形菇。

（5）酸碱度　猴头菇喜酸性环境，菌丝在 pH 为 4~7 时均可生长，以 pH 为 5.5 最适宜。当 pH 在 4 以下、7 以上时，菌丝生长不良，菌落呈不规则状；当 pH 达到 2 或 9 时，菌丝则完全停止生长。子实体生长阶段以 pH 为 4~5 最适宜。

【提示】

实际生产中，pH 可调至 5~5.5，加入适量的石膏粉或轻质碳酸钙。因为培养料灭菌及菌丝生长过程中产生有机酸，使环境酸化，自身生长也会受到抑制。这两种物质不仅可以调节培养料的酸碱度，同时还能为其提供所需的钙质营养。

二、选择适宜的栽培季节和场地

1. 栽培季节

子实体生长以 16~20℃ 最为适宜，栽培季节应根据当地的气候条件确定，一般春、秋两季均可栽培。北方地区春季栽培时接种时间为 2~4 月，出菇时间为 3~5 月；秋季栽培的接种时间为 8~9 月，出菇时间为 9~10 月；南方地区春季栽培的接种、出菇时间分别安排在 12 月～第二年 2 月、1~5 月，秋季接种、出菇时间分别安排在 9~10 月、10~11 月。

2. 栽培场地

选择地势和采光都比较好，200 米半径内尽可能无污水及其他污染源的地块建造出菇棚。出菇棚可建设成双层空心棚（图5-5），更有利于保温。

图 5-5　双层空心棚

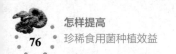
安插棚桩时尽量深挖，自地面向下挖 50 厘米左右即可。棚内地面最好用水泥铺砌，用水冲刷干净，将菇床搬进去或在里面搭建菇床。

三、制作优质栽培袋

1. 栽培配方

1）棉籽壳 50%，木屑 30%，麸皮 16%，石膏或碳酸钙 2%，糖 1%，过磷酸钙 1%。

2）棉籽壳 50%，玉米芯 38%，麸皮 10%，石膏 1%，过磷酸钙 1%。

3）草粉 50%，木屑 26%，麸皮 20%，石膏或碳酸钙 2%，糖 1%，过磷酸钙 1%。

4）木屑 69.5%，麸皮 25%，黄豆粉 2%，石膏或碳酸钙 2%，糖 1%，尿素 0.5%。

5）杂木屑 80%，麸皮 16%，黄豆粉 2%，石膏 1%，糖 1%。

6）杂木屑 28%，玉米芯 50%，麸皮 15%，玉米粉 5%，石膏粉 1%，轻质碳酸钙 1%。

7）棉籽壳 78%，麸皮 16%，玉米粉 5%，石膏 1%。

8）棉籽壳 90%，麸皮 8%，石膏粉 1%，过磷酸钙 1%。

9）棉籽壳 58%，杂木屑 30%，麸皮 10%，石膏粉 1%，过磷酸钙 1%。

10）杂木屑 30%，棉籽壳 27%，玉米芯 27%，麸皮 15%，石膏粉 1%。

【提示】

杂木屑规格以长 0.35~0.4 厘米、宽 0.3~0.4 厘米为宜。不能用玉米秸栽培，否则只长菌丝，不长猴头；配方中不得加磷酸氢二胺、石灰、多菌灵；添加一定量的黄豆粉、硫酸锌有明显增产作用；必须调酸，用过磷酸钙或米醋调节 pH 至 5~5.5。

2. 装袋、灭菌

（1）**拌料**　按配方称量原料，以 1 :（1.4~1.5）的料水比加水，闷 2 小时，让其充分吸水，最后调含水量至约 65%。

（2）**装袋**　以（12~15）厘米 ×（55~60）厘米或（16~18）厘米 ×（33~38）厘米的低压聚乙烯塑料袋作为栽培袋。装料前先将袋口一端用线绳扎好，装好后再把另一端扎紧。装料要求松紧适度、均匀一致，料面压紧压平，袋口要擦干净，以避免杂菌从袋口侵入。

【提示】

装料松紧可以通过手感进行测定，一般以菌袋表面手感硬而有弹性，拇指轻轻按下料面能弹起为宜。

（3）灭菌　当天装袋，当天灭菌。常压灭菌，在加热后 4~6 小时内使料温达到 100℃，达到温度后要求不降温，保持 8~10 小时，待灭菌灶内温度自然下降至 80℃以下时出灶。

3. 接种、发菌

（1）接种前准备　接种前先进行消毒，清理干净室内杂物，培养室的墙壁要求平整干净，用石灰粉刷 1 遍，将室内温度升至 25℃以上，保温 48 小时，向室内的墙壁和菌架喷施 1 遍过氧乙酸溶液，为了防虫，可喷施含有高效氟氯氰菊酯和甲氨基阿维菌素苯甲酸盐的菇净溶液；然后开门排湿，将墙壁和菌架快速烘干，地面撒生石灰，吸潮、防杂菌。

（2）接种　待料温降至 28℃左右，无菌条件下进行两端（打孔）接种。

（3）发菌　接种后，将菌筒搬入培养室，按"井"字形堆叠发菌，培养室内温度维持在 20~25℃，空气相对湿度为 65% 左右，遮光培养。接种后 2~5 天室温为 25℃左右，空气相对湿度为 65% 左右，不宜翻动，不必通风，黑暗培养；4~5 天菌落已形成，每天通风 2~3 次，每次15~30 分钟，空气相对湿度为 60%~65%，及时清除污染菌袋；6~14 天调温至 20~22℃，菌袋中心温度控制在 26℃以下，空气相对湿度为65%~70%。菌丝生长旺盛期（接种后 15 天左右），温度降低至 20℃左右。经过 35~45 天培养，菌丝基本长满，有黄色水珠出现，接种穴区域菌丝发生胶质化，个别出现原基，及时将菌袋搬入菇棚进行催蕾出菇。

图 5-6　猴头菇堆垛式发菌、出菇

【提示】

①堆垛式发菌，菌袋摆放 5~6层，行距为 30~50 厘米（图 5-6）；层架式发菌，培养架高 2~2.5 米，

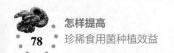
层架间距为 50~60 厘米，每层摆放 4~5 排。②正常情况下，菌丝体长到大半袋时逐渐出现子实体，此时应该及时进入出菇管理。

为避免菌袋过热，应在培养室中央安放换气扇，通风降温。此期测量温度时，应将温度计直接插入菌袋与菌袋之间，控制温度在 22℃。温度过高时打开换气扇，温度适宜后再关闭。

四、出菇精细管理

1. 排袋、开口

菇畦底部垫 1 层砖，将菌袋横放在砖上，码 4~6 层为宜。为防止子实体长出袋（瓶）后相互之间连生在一起，上层与下层的袋（瓶）口应反方向放置，去除袋口包扎物（套环），袋口自然收拢不撑开，或在长袋表面开直径为 3 厘米左右的圆孔（图 5-7）。袋上用塑料薄膜覆盖，每 2~3 天将薄膜掀动 1 次，促使菇蕾形成。

图 5-7　长袋表面开口出菇

2. 催蕾条件

菌棒排好后，出菇棚温度控制在 18~20 ℃，空气相对湿度在 85%~90%，适当通风，给予 50~100 勒散射光，每天 6 小时左右。7~10 天料面即可出现黄豆大小的菇蕾。当菇蕾直径为 2~3 厘米时，揭去薄膜（图 5-8）。

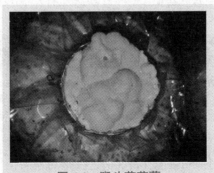

图 5-8　猴头菇菇蕾

【提示】

　　幼菇期对空气相对湿度反应敏感，低于 70% 时，已分化的子实体也会停止生长；即使以后增湿恢复生长，但菇体表面仍留永久斑痕。如果高于 90%，加之通风不良，易造成杂菌污染。

3. 出菇管理

（1）调节温度　子实体形成后，温度应控制在 14~20℃，以利其迅速生长。温度过高时，应早、晚开窗及时通风降温，以防子实体生长缓慢；温度过低时，应适当增加温度，促进其生长。

【提示】

　　高温时，可在菇房顶部覆盖棉帘，每天注意通风换气，在菌堆表面增加喷水等；低温时，需要采取增温等措施。

（2）保持湿度　喷水应掌握"勤喷、少喷"的原则，空气相对湿度要求在 80%~90%。湿度过大，会引起子实体早熟，质量差；湿度过低，生长缓慢，易变黄干缩。采取如下措施调控湿度：畦沟灌水、盖紧畦床上塑料薄膜保湿、在菌袋表面加盖湿纱布或报纸增加湿度（幼蕾期架层栽培）（图 5-9）。穴口向左右摆袋或地面摆袋的（图 5-10），一般不喷水。

图 5-9　开口出菇湿度管理

图 5-10　猴头菇地面摆袋栽培

【提示】

　　若子实体生长缓慢，刺毛不明显，表面发黄，甚至枯萎，可能是空气相对湿度过低，此时需要增湿处理；湿度过高，杂菌就可能污染菇体，发霉甚至腐烂。出菇期间，不宜直接向子实体喷水，主要依靠地面和空间加湿，或门口通风处悬挂湿布增湿，以提高空气相对湿度。

　　（3）加强通风换气　保持空气新鲜是促进子实体形成的主要条件之一。如果通气不良，二氧化碳过多，易出现珊瑚状畸形菇。高温时，多在早晚通风，每天 3~4 次，每次 30 分钟左右；低温时，可在中午通风，经常保持菇房空气新鲜（图 5-11）。

图 5-11　猴头菇立袋栽培有利于通风

【注意】

　　不要让风直接吹向菇体，以免菇体发生萎缩。

　　（4）掌握适宜光照　子实体生长阶段需要一定的散射光，若光照不足，子实体原基不易形成，对已形成的子实体，甚至会长成畸形菇。但要防止阳光直晒，一般以光照强度为 200~700 勒为宜，一般菇房有一定的散射光即可（图 5-12 和图 5-13）。可以通过遮阳网及荧光灯创造子实体形成的最适宜光照。

图 5-12　猴头菇垛式栽培时的光照

图 5-13　猴头菇袋口出菇时的光照

4. 适时采收

（1）**成熟标准** 子实体坚实、圆润、饱满，孢子未弹射，菌刺均匀且充分伸展，菌刺长度为 1~1.5 厘米（图 5-14）。

（2）**采收方法** 轻轻旋转采下菇体，采收后清理料面，停水 5~7 天。适宜条件下，15~20 天出第二批菇，一般采收 4~5 次。

（3）**转潮管理** 第一潮菇采收之后，为了防止发霉，暂停喷水 3 天，再通风 48 小时，尽快使菇根表面收缩；然后将温度调至 23~25℃，积累菌丝体养分。8~15 天出现猴头菇原基，一般

图 5-14　猴头菇适宜采收期

10 天左右形成幼蕾，此时可将温度降到 16~20℃，提高空气相对湿度到 80%。

五、提前预防生理病害

1. 不出菇

【症状表现】 菌袋或瓶内长满菌丝后却一直无法长出幼菇。

【发生原因】 菌丝长满培养基后还需要继续培养几天，生理成熟后才会长出幼菇，如果过早开袋，又未做好保湿管理，则会使培养料表面快速失水，表面干枯，内部菌丝无法接受足够的氧气，阻碍了原基的发育，最终造成不出菇现象。

【防控措施】 ①菌丝充分铺满培养料后继续培养 1 周左右，发现原基长出时再将袋口或瓶口打开。②瓶口、袋口打开后，要及时喷水，确保空气相对湿度达 85% 以上，为及早形成菇蕾提供良好的湿度条件，必要时也可在表面覆盖 1 层纱布。③如果发现培养料表面出现干皮现象，要划破并喷水，确保培养料喷湿之后将袋口或瓶口封住，切记不要封死，保持适当的湿度条件即可。

2. 幼菇萎缩

【症状表现】 如果发生幼菇萎缩生理性病害，表现为长势变慢、菇体颜色转为不健康的黄色，并且幼菇开始软化，由顶部逐渐向下扩展，最终导致萎缩、死亡。

【发生原因】 一是出菇期培养料的水分含量过低或菇房内空气相对湿度过低，都会造成新出的子实体缺水，最终导致萎缩；二是菇房日常管理过程中，如果喷淋中所用水温太低，会使幼菇因低温刺激而萎缩。

【防控措施】 ①控制好培养料的水分含量，出菇前先调整培养料的水分含量，确保含水量至少达到50%，如果水分不足，则采取喷水、浸水、注水等措施适当补水，为幼菇后期生长提供足够的水分。②菇房内的空气相对湿度应为80%~90%，如果湿度不够，则易发生子实体萎缩僵瘪。③防止强光照射，菌袋不可长期置于强光下，避免子实体失水过多而造成萎缩。④灌溉用水的温度要接近室温，避免幼菇受到低温刺激。

3. 光秃无刺菇

【症状表现】 子实体产生分枝，一般为球状或块状，菇体表面产生粗糙的褶皱，没有菌刺，菇体长势肥大、较松软，颜色转为不健康的黄褐色（图5-15）。

【发生原因】 一是培养过程中温度太高，当超过25℃即可加快子实体生长，相应的菌刺长势慢，最终发生危害；二是水分管理不当，如果空气

图5-15 光秃无刺菇

相对湿度低于80%，就会使子实体的水分快速蒸发，如果水分不能及时补上，会刺激菇体不长菌刺，生产出光秃菇。

【防控措施】 ①将培养温度控制在合理范围内，如果气温过高，则要及时通风，可分别在早晨、傍晚各通风1次；如果中午的温度不高，不要通风，可在上面覆盖1层遮阳物，或在菇房内喷冷水降温，一般最适宜的温度为15~22℃。②确保有适宜的湿度环境，高温季节多喷水，维持菇棚内空气相对湿度至少达到80%，为了避免水分蒸发过快，可以覆盖1层厚遮阳物，避免阳光暴晒。

4. 珊瑚菇

【症状表现】 从子实体的基部长出主要分枝，每个分枝上再次分出一些不规则分枝，最后形状与珊瑚很像，故得名珊瑚菇。珊瑚菇病害发生后，有的小枝顶部还会继续膨大形成小子实体，但是很多很早就死亡。

【发生原因】 一是菇房内通风不畅，二氧化碳含量过高，影响其呼吸作用，不断地刺激菌柄，使其分化，最终导致子实体呈珊瑚状；二是养分搭配不合理，产生珊瑚状菇体；三是培养料中加入了柏树、松树等木屑，其中含有的芳香类物质或其他成分，会抑制菌丝的生长，进而导致子实体呈珊瑚状。

【防控措施】 加强对培养环境中温度、湿度、光照等条件的控制，科学配制培养料，不要选择杉木、松树、槐树等树木的木屑，严格按照配方要求称量、配制，如果已经有一些珊瑚状子实体，可将其沿着菌袋内部切断移走，避免其过多地消耗养分。

5. 粉红病

【症状表现】 本病有两种症状，一是子实体颜色变红，但还可继续生长，不发生腐烂（彩图8）；二是子实体光泽暗淡、不再膨大、出现萎缩，表面长有粉红色的粉状霉层，最后子实体逐渐腐烂，并影响下一潮子实体形成。

【发生原因】 子实体生长发育的环境低于14℃、空气相对湿度低于80%、菇房散射光光照强度超过1000勒时，极易发生粉红病。

【防控措施】 栽培环境彻底消毒，菇房保持温度为15~24℃、空气相对湿度为85%~95%，散射光光照强度控制在200~400勒，合理通风透气，及时摘除病菇并立即用杀菌剂喷洒消毒，清除受感染的病菌袋，带离菇房销毁。

六、产品合理加工

1. 烘干

将鲜菇风干（1~2天即可），然后按大小分类，分别进行烘烤，烘烤温度为40~60℃，烘干为止，要求干品含水量为10%~13%，菌刺完整，冷却后装袋密封保存。

2. 晒干

切去菌蒂部分，放在竹帘上，烈日下暴晒，先切面朝上，再翻过来晾晒，注意翻动，晒干为止（图5-16）。

图5-16　猴头菇晒干处理

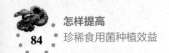

3. 盐渍

切去菌柄，用清水漂洗，放入沸水中煮沸 10 分钟，再放入清水中冷却，储于池中或包装桶中，然后按重量淋水后加入 25% 的盐，需要层层加盐，7 天后倒桶 1 次，加足饱和盐水（烧开并冷却后的溶液），最后用厚 1~2 厘米的盐粒封口即可。

第六章
提高草菇栽培效益

第一节　草菇栽培概况和常见误区

　　草菇（*Volvariella volvacea*）属担子菌门伞菌目小包脚菇属，又名包脚菇、贡菇、兰花菇（图 6-1），主要生长在中国、韩国、日本、泰国、新加坡等亚洲国家的热带和亚热带高温多雨地区。我国早在宋代（公元 1245 年）就有栽培草菇的记录，草菇的人工栽培是我国劳动人民的智慧结晶。

　　草菇肉质细腻脆嫩，味道鲜美，干品芳香浓郁；含有丰富的蛋白质，幼嫩草菇菌盖的蛋白质含量高达 15 毫克 / 克鲜重；含有氨基酸多达 17 种，其中人体必需的 8 种氨基酸，即异亮氨酸、亮氨酸、赖氨酸、甲硫氨酸、苯丙氨酸、苏氨酸、缬氨酸和色氨酸的含量都比较

图 6-1　草菇

丰富。此外，它还含有丰富的维生素 C、维生素 B_1、维生素 B_2 和烟酸等，以及磷、钙、铁、钠和钾等矿物质。草菇还有药用价值，其性寒，味甘，能消食去热，据说具有促进产妇乳汁分泌、保持身体健康的作用。其丰富的维生素 C 可增强机体的免疫能力，防止坏血病等。现代医学研究表明，草菇含有异构蛋白，可增强人体免疫机能，降低胆固醇含量，预防动脉粥样硬化；所含的含氮浸出液嘌呤碱对癌细胞增殖有一定抑制作用。

一、栽培概况

　　人工栽培方法始于明代，相传是由广东曲江区南华寺僧人发明的，至今已有 300 多年的历史，到了清代同治年间推广到民间。后来被华侨

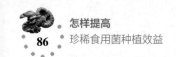
带到了东南亚，又传播到北非。现在韩国、日本、菲律宾、印度尼西亚、新加坡、马来西亚、泰国、印度等亚洲国家和非洲的马达加斯加、尼日利亚等地区都有栽培。

目前我国草菇栽培主要集中在广东、山东、福建、江苏、江西、广西、湖南、河北等地。主要有白色品种和黑色品种两种，其中白色品种产量高，但菇质较松、风味略差；黑色品种则与之相反，菇体呈圆形至卵圆形、颜色深、菇质硬，味道鲜美。

草菇从播种到采收只需 10~12 天，1 亩菇棚，1 个多月时间即可实现纯利润 1.5 万 ~2 万元，具有投资少、周期短、收益高、经济效益显著的特点。国际市场上，同等品质的草菇价格比国内高 2~10 倍，每千克价格比香菇高 2~6 元，是平菇价格的 3 倍。夏季集中上市时，大部分草菇可制成盐水菇，做成盐水菇罐头可以通过海运出口到国外，盐水菇的价格为 0.9 万 ~1.1 万元 / 吨。

二、常见误区

1. 产量低、稳产性差

一方面，可能与培养料氮素营养不足有关，若培养料中氮素营养过多，发酵不足时料中氨味重，会毒害草菇菌丝，但若延长发酵期则培养料理化性质不适宜草菇生长；另一方面，培养料及栽培环境易受各种生物因素影响，病虫害发生较严重。

2. 市场开拓不足

消费者对草菇认识不够，不了解其食用价值。市场上，草菇也是一种价格相对较高的食用菌，由于进入市场的产品不多，消费者对它的了解远远不及香菇、平菇等大宗品类。

【提示】

蚝油草菇（图 6-2）做法：①草菇洗净后一分为二，大的可以一分为四，方便入味。②锅中加入适量的清水煮开，加入草菇焯水。③水烧开 3 分钟后把草菇捞出备用。④青椒半个切丝，红椒半个切丝；喜欢吃辣的可以改用小米辣。⑤蒜头 5 瓣切薄片。⑥锅中加入适量油，加入蒜片翻炒后放入青、红椒丝继续翻炒几下。⑦加入草菇继续翻炒 2 分钟，然后加入盐、蚝油适量，翻炒均匀后即可出锅。

草菇丝瓜汤（图6-3）做法：①将干草菇洗净浸软，切去硬的部分，挤干水。②将豆腐切成薄片。③将水烧开，放油，丝瓜焯到快熟时捞起，浸冷水沥干，豆腐、草菇也焯3分钟，沥干水分。④起锅下油爆姜，加水煮开，放入全部食材，加调味料后稍煮食用。

图6-2　蚝油草菇

图6-3　草菇丝瓜汤

【注意】

　　草菇虽味道鲜美，适合大部分人食用，但脾胃虚寒人士不宜食用。此外，生草菇有一定的毒性，熟透的草菇则没有毒性，所以在烹制草菇时一定要煮熟，否则会引起恶心、腹泻、呕吐不止。

3. 优良菌株选育工作滞后，生产缺乏优良菌株支撑

　　目前从事食用菌品种选育和生产技术研究的专业技术人才缺乏，草菇菌种选育方面的研究较少。生产人员缺乏专业技能，菌种选育手段单一，菌种主要通过组织分离手段获得，长期的组织分离易使菌种的生物学效率低下，菌丝生长缓慢，吃料能力差，易出现死菇和不出菇，造成减产和绝收。

4. 交易流通领域缺乏有效管理，交易方式难体现优质优价

　　产品实行散装鲜销，主要根据菇体大小进行简单的初选分级，分为大菇、中菇、小菇、等外菇4个级别。在交易过程中农产品的安全检测、市场准入制度均没有规范化、制度化，交易双方以菇体外观作为价格依据，其内在的食品安全质量、理化性状，如农药残留、重金属等指标在交易中被忽略，结果是优质次质一样卖，优质优价的价值规律得不到体现，菇农对标准化生产实施缺乏内在动力。

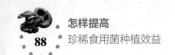

第二节 提高草菇栽培效益的途径

一、掌握生长发育条件

1. 营养

草菇属于草腐菌，可用稻草、麦秸、废棉、甘蔗渣、玉米芯、废菌渣等作为碳源；培养料的含氮量以 1.2% 左右为宜。

【提示】

原料处理时添加较多的石灰，其目的不完全是为了提供矿质营养，更重要的是破坏稻草表面的蜡质层和角质层，破坏纤维素分子结构及调节培养料的酸碱度。

2. 环境

（1）温度 菌丝生长温度为 20~40℃，最适温度为 30~35℃，低于 20℃时菌丝生长极为缓慢，15℃以下停止生长而呈休眠状态，5℃以下或 45℃以上易死亡。子实体发育温度为 25~38℃，低于 25℃或高于 38℃ 都难形成原基，最适温度为 30~32℃。子实体发育温度范围内，温度越高，子实体发育越快，但菇体小，易开伞；在较低温度下，子实体发育较慢，但不易开伞。

【提示】

草菇属恒温结实性菌类，稳定温度有利于子实体的形成和发育，原基形成后如果出现大幅度降温会引起菇蕾死亡。

（2）湿度 培养料含水量应维持在 65%~72%。原基形成后，需要降低空气相对湿度至 85%~90%，否则原基容易长出菌丝返回到营养生长阶段。草菇子实体生长所需空气相对湿度应维持在 90%~95%。

（3）空气 好氧性菌类，在菇蕾形成时，草菇呼吸产生的二氧化碳含量达到最高峰。出菇期菇房内必须时常通风换气，但通风换气不可过急，以免菇房内温度和空气湿度变化过大，易使小菇蕾死亡，影响产量。

（4）光照　光照对菌丝生长没有明显影响，但对子实体形成影响较大。直射光会抑制子实体发育，完全黑暗条件下也不能形成子实体。散射光能促进子实体形成，最适宜光照强度为 300~500 勒。光使子实体颜色加深，呈灰黑色；光照不足时，子实体颜色较浅，甚至不出菇。

（5）酸碱度　菌丝在 pH 为 5~10 的条件下均能生长，最适 pH 为 8~9。子实体发生最适 pH 为 7.5~8。

二、因地制宜选择栽培模式

菇农可根据自身地理位置和当地气候情况选择熟料袋栽模式、福建漳州模式或"一料双菇"模式，在保障稳定产量的同时，通过合理安排生产季节、使用新型栽培原料、应用机械化生产等技术手段尽量压缩生产成本，保证栽培效益。以上 3 种模式投资中等，收益稳定，适合专业种菇者选择应用。

夏季天气炎热时，山东莘县模式适合蔬菜种植者或有日光温室的农户，在大棚内利用自然气温生产 1 季草菇，不需要额外的栽培设施投资，只需栽培原料、菌种、部分人工等费用，即可在 1 个月左右的时间中获益 1.5 万 ~2 万元。这种栽培方法简单易学，投资不大，经济效益显著。

大型基地或社会资本可选择周年化栽培模式，通过空调设备调控菇房内的环境条件，可实现周年稳定生产而不受季节限制，产品质量有保证，产量稳定，适宜高档商超鲜销，但投资巨大，一般 1 座 7 米 × 33 米、实用栽培面积为 450 米^2 的菇房需投资 12 万 ~15 万元，1 个 100 座菇房的生产基地加上其他基础设施投资需 2000 万元以上。

三、提高草菇熟料袋栽效益

1. 栽培场地选择与菇棚建造

草菇熟料袋栽模式又被称为福建屏南模式。宜选择背风向阳、供水方便、排水容易、肥沃的砂质土壤作为建造菇床的场所。建棚前应翻地，日晒 1~2 天，耙平时拌入石灰以杀菌杀虫。用竹子搭盖荫棚，棚高 2 米左右，遮光程度视当时的气温确定，气温高时遮密点，气温低时遮稀点。内用竹子做成拱架，上面覆盖塑料薄膜。采用"二区法"栽培草菇，即菌丝发育与出菇管理分区域进行，可控制菌袋的污染率。发菌室要选择干净、通风、阴凉的房间。培养好的菌袋搬入出菇房进行出菇管理。

2. 栽培季节

草菇属高温恒温型菌类，菌丝生长最适温度为 30~35℃，低于 20℃时菌丝生长极微弱，并严重抑制子实体的发育，结合福建屏南县气候条件，可安排在 6~7 月栽培。

3. 栽培配方

根据草菇生长发育对碳、氮、无机盐等营养的需要，经实践总结，配方可为干稻草 89%（图 6-4）、麸皮 10%、石膏 1%。

4. 菌袋制作

选择无霉变、金黄色的稻草，放入 3% 石灰水中浸泡 8~10 小时，捞起沥去多余水分，含水量控制在 70%~75%，然后用切草机切成长 15 厘米的短稻草。选用 17 厘米 × 35 厘米的低压聚乙烯塑料袋，将麸皮和石膏拌匀后撒入稻草中，再次拌匀后装袋（图 6-5）。

图 6-4　栽培用的稻草

图 6-5　装袋

5. 灭菌接种

采用常压灭菌，于 100℃ 保持 4~6 小时即可，时间不宜太长，防止基料变酸（图 6-6）。当料温降至 38℃ 以下时即可消毒接种，采用两端接种，袋口用塑料绳活结扎紧（图 6-7）。

图 6-6 灭菌

图 6-7 接种

6. 发菌管理

将已接种好的菌袋搬入培养室培养，培养时室温为 28~32℃，料温控制在 33℃左右，不得高于 40℃，防止高温烧菌，空气相对湿度保持在 70%。当袋内两端菌丝生长 3~5 厘米时，解去塑料袋口，将扎紧的袋口松开，以增加氧气进入，促进草菇菌丝生长，一般 10 天左右菌丝长满袋（图 6-8）。

7. 出菇管理

当菌丝长满袋、两端开始出现密集的灰白色菜籽大的小点时，将菌袋搬入菇房脱袋

图 6-8 发菌

（图 6-9），堆成 3~4 层的波浪形，并在面上撒 1 层菌种，盖上薄膜。行距为 40 厘米左右，此时加强通风透气，每天 3~4 次，每次 10~20 分钟，空气相对湿度保持在 90% 左右，温差控制在 3℃以内。现蕾 3~4 天，菇体达八成熟、苞膜未破时，即可采收。采完 1 潮菇后捡尽残菇，整理好菌筒，喷洒 1% 石灰水，盖上薄膜继续培养，过 5~6 天又可长第二潮菇（图 6-10）。

图 6-9 脱袋出菇

图 6-10 袋栽出菇

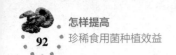
四、提高草菇废棉（棉籽壳）层架栽培效益

1. 模式简介

废棉（棉籽壳）层架栽培（广东、江苏丹阳模式）正是利用废棉为主要原料生产草菇，将废棉充分预湿后上架栽培（图 6-11），生物学效率在 25% 左右。

2. 常见培养料配方

1）废棉 75%，麸皮 5%，稻草 20%。

2）废棉 50%，稻草 50%。

3）废棉 50%，棉籽壳 40%，稻草 10%。

4）棉籽壳 60%，麸皮 5%，稻草 35%。

上述 4 种配方都用石灰粉调节 pH 至 8。

3. 栽培设施

菇房可用永久性的工业用房（图 6-12）或塑料大棚，由于塑料大棚投资成本低，易于搬迁而被广泛使用。用塑料大棚作菇房，在塑料薄膜外要覆盖草帘，既可以防止强烈的太阳辐射，冬季还可以保温。菇房内建多层床架，配置有加温、加湿和换气的设备。

图 6-11　废棉预湿

图 6-12　菇房外貌

4. 培养料发酵

将培养料按配方充分混合，放入水池中浸泡，然后捞出，过滤多余水分，检查 pH，如果高，则用清水冲洗；如果低，则添加石灰粉，然后建堆发酵。如果外界气温在 30℃以下，发酵 3~4 天；如果在 30℃以上，发酵 2~3 天。发酵后迅速将料送入菇房的床架上（图 6-13），培养料的

图 6-13　上料

厚度一般在 15 厘米左右，依据气温的高低，适当调整料的厚薄，气温高时料要薄，反之料要厚。此时有条件的菇房可以通入蒸汽，使菇房温度达到 60~65℃，并持续 2~4 小时，然后降温到 52℃，维持 8 小时后停止加温。

5. 播种

培养料在菇房进行巴氏消毒后，当培养料的温度降到 35℃时，要及时抢温播种，播种量占培养料湿重的 0.5%~3%，依据菌种的萌发和生长能力决定用量的多少。一般采用混合播种，也可条播或穴播。

6. 菇房管理

播种后要调节菇房温度到 35℃左右，使培养料的温度维持在 35~37℃的最佳生长发育温度范围，空气相对湿度维持在 85%，可覆膜发菌（图 6-14），关闭所有的光源。发菌 6~7 天后，喷出菇水，降低菇房温度到 30℃，使菇床上培养料的温度维持在 33~35℃，同时每天给予 4~6 小时的光照，增加菇房空气相对湿度到 90%~95%，在不影响菇房温度和湿度的前提下，每天给予 2~4 次、每次半小时的通风换气，增加菇房的氧气含量，降低二氧化碳含量，刺激出菇。喷出菇水 4~5 天后开始采菇（图 6-15）。采完 1 潮菇后，提高菇房温度到 33~35℃，使培养料的温度回升到 34~36℃，让菌丝恢复生长，4~5 天后再次喷出菇水，降低温度刺激出第二潮菇。

图 6-14 覆膜发菌

图 6-15 出菇床面

五、提高草菇杏鲍菇菌渣栽培效益

1. 模式简介

选用工厂化生产、只采收1潮菇的新鲜无霉变的杏鲍菇菌渣（图6-16），充分预湿后即可上架，在栽培棚内经过发酵后播种出菇，生物转化率在30%左右。草菇杏鲍菇菌渣栽培（福建漳州模式）方法充分利用了工厂化杏鲍菇菌渣含有大量营养的特点，充分发酵后栽培草菇，节约了原料成本，操作简便易行，取得了良好经济效益，在福建发展面积很大。

图 6-16　杏鲍菇菌渣

2. 栽培季节

根据草菇生长发育对温湿度的要求及漳州市气候条件，正常安排在夏季5~6月和秋季8~9月连续栽培两潮。利用双孢蘑菇菇房栽培草菇，与双孢蘑菇生产季节错开，高产高效。

3. 培养料处理

（1）培养料配方　杏鲍菇菌渣98.5%，石灰0.75%，碳酸钙0.75%。

（2）菌渣处理　杏鲍菇菌渣经脱袋粉碎后晒干（含水量低于15%，图6-17），干燥越快越好，堆放于通风处贮藏。此后不可再受雨淋和水渍。如果季节合适也可将采菇后的杏鲍菇菌渣经脱袋粉碎后立即使用。使用时将粉碎好的杏鲍菇菌渣进行堆制，堆高1.2~1.4米，长度、宽度根据场地情况确定，堆好后立即淋水，每天2~3次，一般淋2天，可看到水从四周流出，菌渣吃透水，含水量为65%~70%。

图 6-17　粉碎后的杏鲍菇菌渣

（3）培养料上架　菌料停留一个晚上就可以上架。上架之前检查料温，超过40℃时，再次淋水降料温，等水从料堆的四周全部排出后，撒上石灰和碳酸钙，搅拌均匀即可上架。上架后整平拍实床面，喷1次重水，关闭门窗密封一夜。

4. 巴氏消毒

密闭门窗一个晚上，料温可以自然升至45~50℃，这时通入蒸汽进行巴氏消毒。温度稳定在65℃，保持24小时，降温至60~65℃，再保持24小时，自然冷却至温度降到42℃时，即可打开门窗通风，排除废气。

5. 播种

当料温降到35℃时可进行播种，趁热播种可加快发菌速度（图6-18）。播种前如果料面偏干可喷1次pH为8~9的石灰水澄清液。播种采用撒播方式，播种量按每平方米用规格为13厘米×26厘米的菌种1袋（棉籽壳种），菌龄以菌丝走满袋5天为宜。播种完用手拍压，使菌种与培养料充分接触，以利发菌。播种后关闭门窗3~4天，保温保湿促进草菇菌丝迅速布满料面并向料内生长。发菌阶段，如果料温在38℃以上需打开门窗通风降温，保证草菇菌丝处于发菌优势。正常情况下，播种后6~8天菌丝就可长满整个培养料面（图6-19）。

图6-18　播种

图6-19　发菌

6. 发菌管理和采收

播种后菌丝生长阶段料温保持在33~35℃，子实体发育阶段室温以30~32℃为适；菇房空气相对湿度，菌丝阶段以80%~85%为宜，子实体培育阶段控制在90%~95%；同时需适量光照以促进子实体形成。温度偏低时要减少通风量，采取保温措施；偏高时要结合喷水增加通风量。湿度不够可采取空中喷雾或地面灌水，光照调节可结合通风进行。

正常情况下，播种后 8 天喷出菇水，喷后需要进行一次大通风换气，这样利于菌丝扭结形成原基，并使出菇整齐（图 6-20）。待原基形成后加强通风换气，但通风时不要让强风直接吹向床面原基。原基长至纽扣大小时采用雾化喷头对料面和空间喷水，提高空间湿度（图 6-21）。一般播种后 13 天草菇长至蛋形期时可采收、加工。

图 6-20　菌丝扭结成原基

图 6-21　喷出菇水

第一潮菇采收结束，要将残留在菇床上的菇头清除干净，然后喷水、通风。以后按第一潮菇的管理方法进行，直至出菇结束。

六、提高草菇地栽效益

1. 模式简介

草菇地栽（山东莘县模式），即利用夏季闲置蔬菜大棚在 7~8 月生产一季草菇（图 6-22），栽培原料来源广，生产过程操作简便，经济效益显著。目前在山东莘县已推广 1 万多亩，正逐步向河北和河南地区传播。山东莘县模式以玉米芯为主要原料，生物学效率普遍在 70% 以上，草菇栽培后菌渣还田还

图 6-22　草菇地栽棚外貌

能改良土壤，增加下茬蔬菜产量，是一种简便高效的草菇生产技术。

2. 棚体处理

栽培设施周边不能有养猪场、养鸡场等污染源。以 1 亩棚为例，将鲜鸡粪 8~10 米³ 经杀虫、杀螨、闷堆处理后均匀撒入棚内，扣膜密封高

温晒棚。栽培前 2~3 天，犁翻 2 遍，棚内大水漫灌。

3. 高产配方和品种

（1）配方　以 1 亩棚为例，玉米芯 5000 千克（栽培早用料就多，6 月下旬后栽培用料少），鲜鸡粪 8~10 米^3，石灰 2000 千克（用石灰水浸泡玉米芯）。

（2）品种　选用适应性好、抗病能力强、转化率高、出菇稠密的 V23、V35、V38 等品种。

【注意】

①一个大棚要使用同一个菌种，多年栽培时不能更换菌种，如果更换容易造成减产。②若是使用了老化的菌种，虽然菌丝萌发和定植都正常，第一潮菇产量也不错；但第二、第三潮菇产量明显降低，总体产量降低，购买菌种时必须注意。

4. 原料处理

按照配方取料，玉米芯要求新鲜、无霉变，使用前暴晒 3~5 天，并翻晒几次，不用粉碎处理，直接用整玉米芯栽培。根据玉米芯的数量，在栽培棚前或附近挖好泡料池，泡料池的大小根据玉米芯的用量推算，一般 1 米^{3}的泡料池可以浸泡玉米芯 90 千克。泡料池挖好后铺上塑料布，均匀撒 30 厘米厚的玉米芯，其上撒 1 层 1~3 厘米厚的石灰，然后铺 1 层玉米芯撒 1 层石灰，最后在上面压上重物灌满水，使料完全浸入水中。石灰用量注意下层少上层多，并且要留 1/5 以后分次补充加入。根据气温高低和玉米芯材质不同，一般需要浸泡 6~9 天，水面下降漏料后需加水、加石灰，浸泡至玉米芯掰开后心发黄为宜，浸泡期间彻底翻 2~3 次（图 6-23 和图 6-24）。

图 6-23　玉米芯处理

图 6-24　玉米芯撒石灰预湿

【提高效益途径】

应根据料量计算泡料池的大小，池不宜过深，过深不方便翻动，石灰应下层少上层多，避免石灰沉积到池底，棚前泡料池应尽量长，以方便进料，节省人力。

5. 铺料播种

浸泡好的玉米芯从泡料池中捞出来直接运到棚内，畦床南北走向，宽 0.8~1 米，走道宽 0.3~0.4 米，料面整成龟背形，最高处高 20~30 厘米（低温时料厚，高温时料薄，图 6-25）。播种方法可采用层播、混播或撒播，最好不用穴播。在料面上均匀撒 1 层菌种，收拾整理畦边散落的玉米芯，压实料面（图 6-26）。过松的培养料，踢料现象严重，使培养料变薄，造成菌丝断裂，出菇量减少。所以在上料和播种后，一定要注意将培养料略为压实。

图 6-25　地栽草菇上料

图 6-26　播种

【提示】

播种量过大，播种不均匀，会导致出现群菇，所以播种量宜控制在 1~1.4 千克 / 米^2。此外，出现群菇还和品种特性有关，因此在选择品种时要选用单生品种，避免选用丛生品种。

6. 覆土

播种后可以立刻覆土，也可等 1~2 天覆土，为操作方便、节省用工成本，一般选择播种后立即覆土（图 6-27）。覆土时直接在走道取土，厚 3 厘米左右，若覆土后土干，有裂缝，要用水泼一遍床面，覆土后要覆盖黑色塑料膜保温保湿，黑暗发菌。

7. 发菌催蕾

播种后大棚密闭，迅速把料温升到 32~38℃，密切注意料温及菌丝萌发情况。料温达 37~38℃时要揭膜通风，使温度降低，谨防烧菌。播种后 5~7 天，覆土层有菌丝冒出（图 6-28），大棚开始适量通风，同时加强光照，刺激菇蕾形成，床面菌丝过旺时可喷重水，加大通风，使覆土层表面草菇菌丝倒伏，促使菌丝扭结形成菇蕾。

图 6-27　地栽草菇覆土

图 6-28　草菇菌丝发满料面

【提示】

　　酸化的培养料，菌丝生长稀弱无力，无光泽感，子实体发生既少又小，并且易破膜开伞。为防止酸化，除在配制培养料时注意调整好 pH 之外，还应将播种后的水分管理改为喷 0.5% 石灰水。

8. 出菇管理

播种后 6~8 天，床面开始有菇蕾扭结，掌握棚内温、湿、光、气的全面平衡，避免温差、湿差过大，促使子实体正常生长发育。

（1）温度管理　棚温尽量保持在 30~33℃，料温要保持在 35℃左右，高于 40℃易造成菇蕾死亡，低于 30℃则生长缓慢，昼夜温差大于 5℃时，极易造成菇蕾死亡。

【提示】

　　温差过大导致小菇蕾死亡。子实体发生期间，通风和喷水管理都必须尽量维持恒温，通风缓缓进行，并且密切注意天气的突然变化，大风天严禁开大通风。喷水时也要注意使用的水温与室温一致。

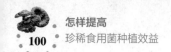
（2）**湿度管理**　空气相对湿度保持在 90%~95%，出菇期间尽量不要直接向菇床喷水（图 6-29），补水可向走道灌水。

【注意】

　　补水时要用提前在棚内储存 1 天以上的温水，避免温差过大造成菇蕾死亡。

（3）**光照管理**　子实体生长发育阶段需要一定的散射光，最适光照强

图 6-29　喷出菇水催蕾

度为 300~500 勒。完全黑暗条件下不能形成子实体，子实体颜色随光照增强而加深，呈灰黑色，但直射光会抑制子实体发育。

（4）**通风管理**　好氧性菌类，菇蕾形成时，草菇呼吸产生的二氧化碳含量达到顶峰（图 6-30）。由于草菇生长发育快，因此在出菇阶段必须保证新鲜空气的供应，菇房内要经常通风换气，但通风换气不能过急，要保证温度和湿度的相对恒定，否则会造成菇蕾死亡。当二氧化碳含量高、菇房通风不足时，会产生脐状菇，影响商品外观。

9. 采收

　　播种后 8~10 天，草菇长至蛋形期且即将伸长时采收最为合适。采收时，单生菇体只要用手捏住菇体轻轻扭转提起即可；丛生菇体则等大部分进入伸长期时连片采下，若只有个别菇体需采收，用刀轻轻采下，不要碰损其他小菇。一般每天采收 2~3 次。采收后及时削根整理、分级保鲜或加工处理（图 6-31）。

图 6-30　地栽草菇出菇

图 6-31　采收后的草菇

10. 转潮管理

采菇 8~10 天，头潮菇结束后不喷水，菇床覆盖薄膜养菌 3 天，使菌丝恢复生长，然后调节棚温至 30℃以上，喷 1 次重水，畦间蓄水沟浇 1% 石灰水，保持棚内空气相对湿度为 90%~95%，适当通风，刺激分化现蕾，进行转潮出菇管理。一般可出 3 潮菇，出菇后的菌渣直接翻入棚内，作为下茬轮作蔬菜的底肥。

七、提高草菇周年化栽培效益

1. 模式简介

利用现代化出菇房，棚体采用保温材料，棚外有控温的空调和通风系统，能够对棚内环境进行精准调控，生产出的草菇品质较好，不易开伞，贮藏时间长，菇形也好，适合鲜销，售价比地栽草菇高 2~3 元 / 千克。这种模式在莘县推广面积正不断扩大，贵州、广东、江西、山西、河北等地也有这种周年化生产模式发展。

2. 栽培设施

周年化菇房长 33 米、宽 7 米，采用钢架结构。内部设 3 排栽培床架，每排床架有 5 层，共有 15 层床面。每层床面长 30 米，宽 1 米，栽培面积为 30 米^2；整个菇房栽培面积为 450 米^2（图 6-32）。在走道上方棚顶部，纵向铺设两条通风带，用于棚内通风及温度控制，菇房外设空调机组可以调

图 6-32　周年化菇房外景

节菇房内温湿度，单座菇房投资 10 万~12 万元，1 年可以种植 6~8 个周期。

3. 品种选择

反季节栽培选用低温型品种，一般发菌期温度为 33~38℃，出菇期温度为 28~32℃；另外，对湿度要求比较严格，发菌期要求空气相对湿度为 80%~90%，出菇期在 90%~95%。过高和过低都会造成不出菇或死菇。反季节栽培中往往难以控制好温度和湿度的关系，现有的加湿设备效果也不是很理想，同时也造成温度的降低，不利于草菇的生长。

【提高效益途径】

①选用温度适应性更强的栽培品种；②增加培养料厚度，以提高料层的保温性和保湿性，通常控制在20~30厘米；③利用加温设备把水温调节到适宜的温度，或在菇房内放置1个水桶，加湿时利用在菇房内储存1天以上的温水，再利用棚内设置的微喷或加湿器进行均匀的定时喷雾，控制空气相对湿度。

4. 栽培原料及处理

（1）原料准备　为降低成本，草菇周年化栽培常用工厂化杏鲍菇菌渣或金针菇菌渣作为栽培主料，并加入一定量的牛粪补充营养成分。一般1座栽培面积为450米^{2}的菇房需要杏鲍菇菌渣或金针菇菌渣20~21吨，牛粪4~5吨。

（2）原料处理　栽培前将菌渣和牛粪充分混匀后加水预湿（图6-33和图6-34），一般在菇房周围空地进行预湿，最好建1座泡料池进行预湿，在料堆上部蛇形铺设微喷带，这样可以达到较好的预湿效果并减少废水产生，预湿完成后，即可进料和铺料。

图 6-33　牛粪预湿

图 6-34　杏鲍菇菌渣预湿

5. 铺料和巴氏消毒

（1）铺料　将预湿后的栽培料转运至菇房，铺于栽培层架上，料面及四周整平。铺料厚度一般在30厘米左右，需要根据栽培层架的宽度和层高灵活掌握。

（2）巴氏消毒　铺料完成后关闭房门，利用培养料自身发热或外部通蒸汽加热进行巴氏消毒，使菇房温度升至65~70℃并保持5~8小时。然后通风降温，排出废气，待料温降至40℃以下时即可进行播种。

6. 播种与发菌

播种采用撒播的方式，将事先准备好的菌种均匀撒播在料面上，播种后关闭门窗，调节料温在 30~35℃、菇房温度在 33~38℃，保温保湿，促进菌丝萌发定植。发菌期间需密切注意菇房内气温和料温，若料温达到 40℃，则需要通风降温。播种后 6~7 天，草菇菌丝基本长满料面，此时需要及时进行催蕾管理，加大通风量，喷出菇水，增加温差刺激出菇。

 【提示】

有的反季节栽培所采用的保温隔热设施，环境通气性差，容易造成栽培环境中氧气含量不足。平时利用鼓风机和塑料薄膜筒组成空气内外循环系统，把新鲜空气均匀地送到各个床面，可以有效增加氧气含量，促进发菌和出菇。

7. 出菇管理

原基一旦形成，需要立即停止喷水，待原基长至黄豆粒大小时，可喷雾状水，保持菇房温度在 30~32℃，并维持较大的通风量，2~3 天即可采收（图 6-35）。采收 1 潮菇后用 1% 石灰水补充培养料含水量，关闭门窗，让菌丝恢复生长。经过 2~3 天，第二潮原基开始形成，随后开始出菇管理，具体方法与头潮菇相同。

图 6-35　周年化层架栽培出菇

8. 采收与加工

（1）采收　草菇生长极快，必须及时采收，应在外菌幕破裂之前，即子实体开始伸长时采收，一般每天采收 2~3 次。采菇时一只手按住菇体周围的培养料，另一只手握住菇体旋转采下，不能直接用力拔出，防止带起培养料，伤害菌丝及小菇蕾。

（2）保鲜　草菇采收后仍在生长，处理不及时很快就会开伞失去商品价值。草菇保鲜期较短是制约鲜销的最大瓶颈，目前尚

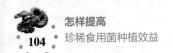
没有较好的保鲜方法，只能放在 15~17℃冷藏 24 小时左右，并尽可能降低湿度。也可以将鲜草菇煮熟后捞起，晾干，再放入冰箱贮藏。

【注意】

草菇贮藏温度低于 10℃，就会造成菇体自溶出水，软化变质。在低温季节，从栽培环境到进入市场的过程中，往往由于环境温度的突然变化造成产品的损耗。草菇采收后，及时对产品进行削根包装，装入塑料泡沫箱进行 15~18℃保鲜，可以短暂解决草菇的自溶出水问题，然后再分销到各个市场。

（3）干制　在草菇根部切"十"字至菌柄 2/3 处，放在架子上，在太阳下暴晒或用烘干机烘干。60~64℃烘烤 30 分钟，降温至 50℃烘烤至干，这样的产品质量较好（图 6-36）。

9. 病虫害防治

反季节栽培由于栽培环境的变化，草菇长势弱，抗逆性差，防治不当时病虫害极易发生，而且常规栽培条件下难见的病虫害也会出现，如草菇鬼伞等问题，给防治带来难度。病虫害防控措施如下：

图 6-36　干制草菇

1）加强栽培前菌种管理、原料及栽培环境的消毒处理。可利用加温设备对培养料和栽培环境进行巴氏消毒，待料温降至 30℃左右即可接种。一般发菌良好。

2）培养料发酵彻底。很多时候菇房内病虫害的发生都与培养料发酵不彻底有关，未发酵彻底的培养料内藏有的病原菌和鬼伞孢子会在栽培过程中导致病虫害发生，严重时会造成绝产，因此对培养料的发酵过程一定要重视，要严格按标准操作，保证发酵料质量。

3）及时采收。从播种到采菇约 10 天，应及时采收，防止病虫害侵染。每一潮菇后用清石灰水对床面进行消毒。

八、提高草菇 - 双孢蘑菇 "一料双菇" 栽培效益

1. 模式简介

以杏鲍菇菌渣栽培模式为基础，在生产中不断总结和完善，形成了独具特色的草菇 - 双孢蘑菇 "一料双菇" 栽培模式（图 6-37），即利用稻草、麦秸、玉米芯等栽培草菇，草菇废料结合部分新料发酵后再栽培双孢蘑菇。其最为突出的特点是节约原料成本和提高种植效益。利用 1 个多月可生产 1 季草菇，利用这 1 季草菇的收入不仅可以把生产草菇的成本全部收回，而且正常情况下还能把下

图 6-37 "一料双菇" 栽培模式

茬生产双孢蘑菇的工人上料费、采菇费及菇房加热等费用提前挣出来，收获双孢蘑菇卖到的钱就是纯利润。

2. 栽培季节

根据当地气候条件，一般在 4 月备料，4 月下旬 ~6 月培养料上架播种，5~7 月为出菇期。出菇结束后培养料下架晒干备用或直接发酵。7 月下旬 ~8 月上旬双孢蘑菇培养料建堆发酵，9 月中下旬播种及发菌管理，10 月上中旬覆土，10 月下旬 ~12 月为秋菇出菇期，第二年 1~2 月为越冬管理期，3~4 月为春菇出菇期。在时间上实现了菇房周年栽培，在原料上实现了 "一料双菇"。

3. 原料配方

以下均以 1 个 500 米^2 栽培面积的标准菇房的用料量进行计算。

1）稻草 15000 千克，烘干牛粪 1250~1500 千克，石灰 150 千克。

2）麦秸 15000 千克，烘干牛粪 1500 千克，石灰 150 千克。

4. 草菇栽培管理

（1）培养料前发酵　根据栽培面积，按照原料配方备料，把备好的稻草用石灰水充分预湿，使其含水量达到 70% 左右，建堆发酵 3 天，待原料柔软后趁发酵余热进棚上架。铺料厚度为 20~25 厘米，然后再在培养料上覆 1 层厚 5 厘米左右预湿过的牛粪。前发酵处理不仅有利于培养料在菇房内进行巴氏灭菌时缩短升温时间、降低燃料成本，而且前发酵

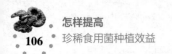

使培养料分解软化，有利于菌丝生长和提高产量。

（2）培养料后发酵和播种　把前发酵后的培养料送入菇房后及时封闭门窗，进行巴氏灭菌。方法为利用蒸汽锅炉或采用废油桶制成的简易锅炉产生的热蒸汽通入菇房内，使温度达到 58~65℃，在此温度范围保持 2~3 天，然后停止加温，使菇房内料温降至 35℃以下时开始播种，每平方米播种 1.5~2 袋菌种。

（3）草菇发菌管理　播种后前 2 天不通风，使菇房内温度保持在 33~38℃，促使菌丝早发快长。2 天后，每天中午通风 1 小时。在此期间温度管理是关键，切忌使料温高于 40℃或低于 30℃，否则易造成死菌或不萌发。

（4）出菇管理

1）温度管理。播种后 7 天有米粒大小的菇蕾原基形成，9~10 天开始出菇。出菇期需要相对恒温的条件，料温要降至 34~35℃。

【提示】

　　温度管理有两种方法：一种是常规管理法，就是采取适合草菇生长的接近上限的温度，即出菇期要求菇房温度为 30~32℃，料内温度为 34~35℃，其特点是出菇快、转潮快；另一种为"懒汉"管理法，就是采取适合草菇生长的下限温度，即出菇期要求菇房温度为 28~30℃，料内温度为 30~33℃，其特点是草菇生长较慢，出菇期相应较长，但产量较高，管理较为省心。

2）湿度管理。要求培养料含水量达到 70%，菇房空气相对湿度达到 90%~95%。

3）通风管理。当菇蕾形成后，每天需开门窗通风。外界温度高时，门窗可全部打开通风；外界温度低时，可不开门，开窗户进行小通风。

4）光照管理。子实体生长发育期间需要一定的散射光。没有光照，子实体生长较弱，菇体易伸长，菌幕较薄，较易开伞。

　　一般情况下第一潮菇出菇需 6~8 天，头潮菇产量约占总产量的 60%。头潮菇结束后要及时补 1 次养菌水，2~3 天后开始出第二潮菇，管理要点同第一潮菇。一般出 2 潮菇结束，整个出菇期产量为每平方米

7~8 千克。

5. 双孢蘑菇栽培管理

（1）原料配方　以 500 米² 栽培面积计算，需草菇废料 10000 千克、麦秸 5000 千克、干牛粪 10000 千克、过磷酸钙 500 千克、石膏 350 千克、石灰 250 千克。

【提示】

　　这个配方一是充分利用了草菇废料，节约了生产双孢蘑菇的原料成本；二是大大增加了单位面积培养料用量，依此配方栽培双孢蘑菇，每平方米产量多在 30 千克以上。

（2）栽培季节　草菇生产从 5 月开始，7 月底结束并清棚。双孢蘑菇在 7 月下旬开始进行培养料前发酵，麦秸翻堆第三次时加入草菇废料，再进行发酵，翻堆 2 次后移入菇房，结合巴氏消毒进行后发酵，8 月下旬播种。播种期可适当提前，如果播种较晚则出菇期推迟，秋菇出菇期时间较短不利于提高产量。

（3）原料处理

1）培养料前发酵。提前 2 天把麦秸和干牛粪分别用石灰水预湿处理，使麦秸吸足水分，含水量达到 65%~70%，即拿起麦秸处于有水滴渗出状态，然后按 1 层麦秸 1 层牛粪建堆，堆宽 2 米、高 2 米、长度不限。建堆 7 天后进行第一次翻堆，翻堆时做到内外上下互换翻匀，随翻堆加入过磷酸钙，以后隔 6、5、4 天再翻堆 3 次。第二次翻堆时加入预湿后的草菇废料，同时加入石膏，此时翻堆时若发现发酵料缺水要及时调水，一般情况下后期不再调水。第四次翻堆 3 天后即可进房上料，上料前菇房要打扫干净并进行消毒。

2）培养料后发酵。栽培双孢蘑菇的培养料后发酵技术同草菇培养料室内巴氏灭菌发酵。

（4）播种　当料内温度降到 28℃ 以下，并呈下降趋势时即可播种，500 米² 栽培面积撒播 80 瓶麦粒菌种。切忌在料内温度还没有降到 28℃以下就急忙播种，因为采取"厚料栽培"时，培养料降温较慢，如果培养料内温度未降下来，料内发酵余热还可能继续升温，播种过急往往造成烧菌。

(5) 发菌管理 播种后应重点观测菇房内温度，前3天菇房温度如果不超过25℃，或料内温度不超过28℃，可关闭门窗不通风，保持一定空间湿度促使菌种尽快定植萌发；若料内温度超过28℃，要适当通风降温，防止高温烧菌。3天后，可根据菇房内温度、湿度和二氧化碳含量情况适量通风调节，10天后菌丝基本铺满料面，可加大通风量促使菌丝向下吃料萌发，当菌丝吃料厚度达2/3时即可覆土。

(6) 覆土及覆土管理 覆土选择有机质含量高、土质疏松、孔隙度高、通气性良好、不含病原菌和虫卵、有较大持水力的泥炭土、草炭土、菜园土，或人工培育发酵土、复合营养土。以500米²播种面积计算，需备土18~20米³、石灰200千克、干稻壳500千克。应在播种后及时准备好覆土材料，并将大的土块粉碎暴晒10天，然后将覆土材料混匀，用5%甲醛喷雾，边喷边调节土壤湿度，以手握成团、落地即散为宜。调湿后用塑料薄膜闷堆3天后，摊开无药味备用。当菌丝吃料厚度达2/3时覆土，覆土要均匀，厚3~4厘米，一次到位。覆土后要求菇房温度为18~22℃，料内温度为22~26℃。

(7) 出菇管理 当菇床上有米粒大小的原基形成时，即进入出菇管理阶段，此时要逐步加强调湿通风管理。子实体长至黄豆粒大小时，适当加大结菇喷水量，连续2~3天，调节好土壤和空间湿度，使菇房内空气相对湿度保持在80%~90%，每天适当加大通风量。

1）秋菇管理。采取一潮菇一潮水、菇多多喷水、菇少少喷水的原则，根据出菇量的多少确定用水量。采取"厚料栽培"时，出菇较为集中，潮次较为明显，用水量要比"薄料栽培"多。同时，由于培养料代谢多，应注意通风换气，保持菇房内空气新鲜。

2）冬菇管理。北方11月底进入冬季，管理上以保温为主，菇房不气闷、无异味情况下少通风，通风选择在晴天中午进行。结合通风进行喷水，原则是少喷勤喷。采取"厚料栽培"由于培养料内产生大量生物代谢热，一般情况下棚内温度比"薄料栽培"的菇棚高2~3℃，所以在12月适当增温仍可正常出菇（图6-38）。

图6-38 双孢蘑菇出菇

而此时采取"薄料栽培"的菇棚已经进入冬季休棚阶段，市场上鲜菇稀缺，菇价较高，同时由于料厚，营养物质充足，鲜菇产量也比"薄料栽培"高出许多，因此"厚料栽培"能够获得较高的经济效益。

3）春菇管理。第二年3月，进入春菇管理阶段，由于北方春季适合出菇的时间较短，春季前期外界气温较低且时有倒春寒天气，后期气温逐步升高。根据这一气候特点，管理上前期以保温为主，后期以降温为主，同时做好病虫害预防，尽量延长出菇期。在水分管理上采取菇多多喷水、菇少少喷水的原则。

九、提前防控常见问题

1. 鬼伞

【症状表现】 墨汁鬼伞、膜鬼伞是最常见的竞争性杂菌（图6-39）。它们喜高温、高湿，一般在播种后1周或出菇后出现，一旦发生，会污染料面并大量消耗培养料中的养分和水分，从而影响菌丝的正常生长和发育，致使草菇减产。

图 6-39 鬼伞

【发生原因】 ①栽培原料质量不好，利用陈旧、霉变的原料作培养料，容易发生病虫害。②培养料的pH太低。③培养料发酵不彻底，培养料含水量过高，堆制过程中通气不够，堆制时发酵温度低，培养料不疏松，料内氨气多，均可引起鬼伞发生。④菌种带杂菌，栽培室温度过高，通气不良，病虫害也容易发生。

【防控措施】 ①必须选用新鲜无霉变的原料，尽量不要使用污染菌包，并且原料需充分发酵腐熟后方可使用。②草菇喜碱性环境，杂菌喜酸性环境，因此，菌丝生长最适pH为7.8~8.5，子实体生长的最适pH为8~8.5，可抑制鬼伞及其他杂菌的发生。③培养料进行二次发酵，可使培养料发酵彻底，是防止发生病虫害的重要措施，也是提高草菇产量的关键技术。④控制料温低于39℃。⑤一旦菇床上发生鬼伞，应及时摘除，防止鬼伞孢子扩散。

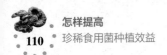
2. 菌丝萎缩

【症状表现】 正常情况下，草菇播种后6小时菌丝开始萌发，如果播种24小时后，仍不见菌丝萌发或不向料内生长，栽培过程中出现菌丝萎缩。

【发生原因】 ①菌种菌龄过长，草菇菌丝生长快，衰老也快；如果播种后菌丝不萌发，菌种块菌丝萎缩，往往是菌龄过长或过低的温度条件下存放的缘故。②培养料温度过高，如果培养料铺得过厚，床温就会自发升高，若培养料内温度超过40℃，会致使菌丝萎缩或死亡。③料内氨气危害，二次发酵后培养料内氨气含量过高，超过标准值，也会危害菌丝。

【防控措施】 ①选用菌龄适当的菌种，一般选用发满1周左右的栽培种播种最好。②播种后要密切注意室内温度及料温，若温度过高，应及时采取措施降温，如加强室内通风、空间喷雾、料面打孔、地面倒水等。

3. 幼菇大量死亡

【症状表现】 成片的小菇萎蔫而死亡，给生产带来严重损失（彩图9）。

【发生原因】 ①培养料偏酸，pH小于6时，虽可结菇，但难以长大，酸性环境更适合绿霉、黄霉等杂菌生长，争夺营养可引起草菇死亡。②料温偏低或温度骤变，一般料温低于25℃或遇寒潮、台风袭击，造成气温急剧下降，会导致幼菇死亡，严重时大菇也会死亡。③用水不当，如果在炎热的夏季喷20℃左右的深井水，会导致幼菇大量死亡。④采菇损伤，菌丝比较稀疏，极易损伤，若采收时动作过大，会触动周围的培养料，造成菌丝断裂，周围幼菇菌丝断裂而使水分、营养供应不上，导致幼菇死亡。

【防控措施】 ①喷水时水温以30℃左右为好；在子实体针头期和小纽扣期，必须停止料面喷水，如果料面较干，也只能在栽培室的走道里喷雾、地面倒水，以增加空气相对湿度。②采菇时动作要尽可能轻，一手按住菇的生长基部，保护好其他幼菇，另一手将成熟菇拧转摘下；如有密集簇生菇，则可等大部分菇达到采收标准时一起摘下，以免由于采收个别菇造成多数未成熟菇死亡。

4. 石膏霉

【症状表现】 包括白色石膏霉和褐色石膏霉（彩图10和彩图11），

初期为白色菌斑，菌斑外缘呈茸毛状，近中心逐渐呈粉状，后期转成深黄色或褐色面粉状，菌丝自溶后使培养料发黑、变黏，有恶臭。

【发生原因】 一般由覆土和空气传播，培养料发酵不彻底或过于腐熟，培养料含水量过大、潮湿，pH 偏高，培养料中氨、氮过多有利于石膏霉的发生。

【防控措施】 ①严格掌握料水比，控制培养料含水量。②适当提高培养料发酵温度。③降低培养料 pH。④病害发生时局部喷施醋酸或食醋溶液，或直接将过磷酸钙粉撒在发病的料面上。

第七章
提高鸡腿菇栽培效益

第一节　鸡腿菇栽培概况和常见误区

　　鸡腿菇（*Coprinus comatus*）又名鸡腿蘑、毛头鬼伞，属担子菌亚门伞菌科鬼伞属（图7-1）。鸡腿菇营养丰富，据报道，100克干品中含粗蛋白质25.4克、脂肪3.3克、总糖58.8克、纤维7.3克、灰分12.5克、热量值346千卡（1卡=4.2焦）。鸡腿菇的蛋白质中含有20种氨基酸，其中人体必需的8种氨基酸全具备。鸡腿菇也是一种药用菌，有益胃、清神、助食、消痔等功效。

图7-1　鸡腿菇

　　据《中国药用真菌图鉴》，鸡腿菇的热水提取物对小白鼠肉瘤S-180和艾氏癌抑制率分别为100%和90%。鸡腿菇还有治疗糖尿病的功效，长期食用对降低血糖浓度、治疗糖尿病有较好作用。

【提示】

　　　　鸡腿菇含有多种具有调节功能的维生素和矿物质元素，参与体内糖代谢，有降低血糖的作用，并能调节血脂，对糖尿病人和高血脂患者有保健作用，是糖尿病人的理想食品；但痛风患者和气虚体质、气郁体质、湿热体质、痰湿体质、阳虚体质者禁用。

　　鸡腿菇国内市场行情看好，产品销量大，售价高，经济效益显著。鸡腿菇也是国际市场上深受欢迎的大宗食用菌品种之一。我国每年都有大量的鸡腿菇及加工品出口，不仅满足了国际市场的需求，也为我国换回外汇，发展前景十分广阔。

一、栽培概况

鸡腿菇分布广泛，世界各国均有分布，日本人称之为细裂夜茸。我国主要产于北方各地，河北、山东、山西、黑龙江、吉林、辽宁、甘肃、青海、云南、西藏等省（区）均有。野生鸡腿菇发生于春末和夏秋季节雨后，生于田野、林园、路边，甚至茅屋屋顶上。

20世纪70年代西方国家开始人工栽培鸡腿菇，我国在20世纪80年代开始人工栽培，并将野生鸡腿菇驯化成人工栽培种。近年来栽培规模迅速扩大，鸡腿菇已成为我国大宗栽培的食用菌之一，被誉为"菌中新秀"。目前，四川、福建、江西、山东、广东、重庆、云南、山西、吉林、浙江、河南、河北等地区均栽培鸡腿菇，全国年产量在20万吨左右。

鸡腿菇栽培已经从单一栽培模式发展为多种栽培模式，可在室内、棚内栽培，也可在防空洞、土洞栽培（图7-2），林下反季节栽培；可以阳畦栽培，也可以床架栽培、工厂化栽培；可以生料栽培，也可发酵料、熟料栽培。

图7-2　鸡腿菇土洞生产

在原料上可以利用农业和工业生产中的下脚料，如秸秆、稻草、棉籽壳、废棉、酒糟、酱渣、甘蔗渣、木糖醇渣都可以用来栽培鸡腿菇。出菇后的菌袋废料，可制作生物有机肥料，也可以用作畜禽饲料或沼气生产原料，畜禽粪便又可用作培养鸡腿菇的辅料，因此可形成农业生产的良性循环，属于环保型产业。

二、常见误区

1. 生产成本误区

单靠雇佣劳动力，造成生产成本增加。传统生产原料已远不能满足生产需求，生产企业、菇农又不能立足当地优势资源开发具有区域特色的原料，使得原料成本居高不下。

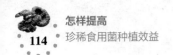
2. 废弃菌袋（料）不能资源化利用

在许多生产区域，有些菇农缺乏环保意识，加之受到劳动力用工的影响，直接将生产完的废弃菌袋（料）随便倾倒在生产区周围，不仅污染环境，还对鸡腿菇生产造成二次污染。

3. 不重视产品加工

受自身生物学特性的影响和制约，鸡腿菇鲜品不耐贮运，价格受市场的影响往往波动较大，风险也比较大，效益忽高忽低，影响了鸡腿菇产业的发展。

【提示】

开发即食食品、调味品、鸡腿菇茶、鸡腿菇粉、鸡腿菇水饺等，对于稳定产业发展会起到积极的作用。

4. 企业带动作用低

企业缺乏应有的技术研发团队，没有和菇农形成利益联结机制，缺乏应有的责任担当。有的企业只是一味地寻求政策扶持，只考虑企业自身发展的利益，没有把产业当事业来干，不考虑产业发展和菇农利益。

5. 品牌误区

部分菇农和企业总以为"酒香不怕巷子深"，忽略了品牌，忽略了市场，也忽略了商机，本来是"山珍海味"，由于没有包装和品牌，好货卖不出好价钱，消费者不认可，鸡腿菇的价值自然不会升高。

【提示】

把产业发展充分融合到乡村旅游中去，打造产学研基地，做好产业旅游这篇文章，把食用菌产业有机融合到乡村振兴的大规划中去，食用菌产业才能更好地健康发展。围绕乡村振兴做好文章，把文化的元素融入产业的发展中，以鸡腿菇为主题，打造乡村旅游文化节，开展一系列的活动，如举办环鸡腿菇生产土洞自行车骑行赛。山东平阴县孔村镇围绕"平阴土洞鸡腿菇"这一地理标识做文章，打造"一二三产业融合乡村综合体"（图7-3~图7-7），为鸡腿菇产业的发展开辟了一条新道路，值得学习推广。

图 7-3　鸡腿菇出菇盒

图 7-4　平阴鸡腿菇形象一

图 7-5　平阴鸡腿菇形象二

图 7-6　鸡腿菇产业园

图 7-7　鸡腿菇科普长廊

第二节　提高鸡腿菇栽培效益的途径

一、掌握生长发育条件

1. 营养

鸡腿菇属于腐生性真菌，菌丝体利用营养的能力特别强，纤维素、

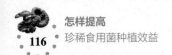

葡萄糖、木糖、果糖等均可利用。但生产中为使其更好地生长，以提高产量和商品质量，还应适当添加一些氮素营养，如麸皮、尿素、豆饼粉等，一般培养料的碳氮比为（28~30）：1即可。

2. 环境

（1）温度　鸡腿菇属于中温偏低型菇类，菌丝生长的温度范围为3~35℃，最适温度为22~26℃，其菌丝抗寒能力特别强，能忍受 –30℃低温。温度低，菌丝生长缓慢，呈稀茸毛状；温度高，菌丝生长快，呈茸毛状，气生菌丝发达，基内菌丝变稀。子实体形成需低温刺激，当温度降到9℃以上、20℃以下时，鸡腿菇菇蕾即会破土而出。在12~18℃，温度越低，子实体发育越慢，个头大，个个像鸡腿，甚至像手榴弹。20℃以上菌柄易伸长，菌盖易开伞。人工栽培时，温度在16~24℃子实体发生最多，产量最高。

（2）湿度　菌丝生长时基料含水量以65%左右为宜，春季拌料因空气干燥，水分蒸发快，含水量可适当调高一些；秋季栽培因高温季节发菌，含水量可适当降至60%以下。为确保发菌成功，发菌期间空气相对湿度应控制在70%左右，出菇时控制在80%~90%，湿度过低易使子实体过早翻卷鳞片；过高易引发某些病害，包括褐色斑点病等生理性病害。

（3）光照　适宜的光照强度有利于子实体形成，如果无一定强度的散射光刺激，子实体生长很慢；如果光照太强，子实体生长受抑制，并且质地差、干燥、变黄，降低商品价值。理想的光照强度为700~800勒，这样的光照强度下出菇快、产量高、品质好，不易感染杂菌。一般认为菌丝生长不需要光，但微弱的光不影响菌丝生长。

（4）空气　鸡腿菇为好氧性腐生菌，一生中都需要较好的通风条件，尤其是出菇阶段，更要加强通风，保持菇棚内空气新鲜，当菇棚内"食用菌气味"很小甚至没有时，鸡腿菇子实体如同在野生条件下，其生长发育才良好。

（5）酸碱度　适宜pH为7左右，过高或过低均会抑制菌丝生长。生产中，为了防止杂菌，往往将pH调至大于8，虽然不太适宜，但经过一段时间生长之后，培养料pH会被菌丝自动调至7。

（6）土壤　菌丝体长满培养料后，即使达到生理成熟，如果不予覆土处理，便不会出菇，这是鸡腿菇的重要特性之一。因此必须覆土，覆土材料要求中性或偏碱性，并且覆土材料要经过消毒、杀菌、灭虫处理。

【提示】

覆土主要作用：①控制温度，起隔热和遮阳作用。②调节湿度，减少菇畦内水分蒸发，有利于水分管理。③覆土后由于加大了对培养料的压力、缩小了培养料的孔隙，有利于菌丝吃料、穿透和交织。④土壤中含有氮、磷、钾等营养成分及土壤微生物代谢产物，可改进和平衡培养料的营养供给，有助于顺利出菇。

二、选择适宜的栽培季节和栽培场所

1. 栽培季节

利用大棚、半地下或地下式的菇棚、拱棚等设施，可春秋两季栽培。春栽可在 2~6 月，秋栽宜在 8~12 月出菇，也可利用山洞、土洞、林地进行反季节栽培。

2. 栽培场所

（1）土洞栽培　选择立土地形开挖，洞宽 2.2~2.5 米，洞间距不少于 3 米，洞顶距不少于 5 米，土洞必须留有通风口（图 7-8）。土洞最大的优势是恒温恒湿，一年四季都能种植，不受季节限制，管理方便，节约成本；而在大棚里要受到季节限制，温度过高或过低都需要人为调整。土洞里种植的鸡腿菇质量好，商品性优，市场销售火爆。

（2）地沟棚　选择土质坚硬、背风向阳、地下水位低、南北走向的地方建设沟棚，沟宽 1.7 米、深 1.6 米、长 10~20 米，上面用竹子搭好拱棚，拱棚最高端离沟底 2.3 米，棚上盖塑料薄膜和草苫（图 7-9）。地沟棚的优点是冬暖夏凉，能使生长时间延长 2 个月左右，有效提高产量和效益。

图 7-8　鸡腿菇土洞栽培

图 7-9　鸡腿菇地沟棚栽培

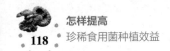

【注意】

　　周围环境杜绝废弃料、秸秆、杂草堆放，避免杂菌和害虫滋生。加强对食用菌生产区域周围环境的管理，彻底清除污染源，对产量提高、品质提升有很好的保障作用。

三、因地制宜选择栽培原料和处理方式

1. 培养料配方

1）棉籽壳 96%，尿素 0.5%，磷肥 1.5%，石灰 2%。

2）稻草 40%，玉米秸 40%，牛粪（或马粪）15%，尿素 0.5%，磷肥 1.5%，石灰 3%。

3）玉米芯 95%，尿素 0.5%，磷肥 1.5%，石灰 3%。

4）玉米芯 90%，麸皮 7%，尿素 0.5%，石灰 2.5%。

5）菇类菌糠 80%，马粪（或牛粪）15%，尿素 0.5%，磷肥 1.5%，石灰 3%。

6）菇类菌糠 50%，棉籽壳 38%，玉米粉 7.5%，尿素 0.5%，石灰 4%。

7）玉米秸 88%，麸皮 8%，尿素 0.5%，石灰 3.5%。

8）玉米秸 40%，麦秸 40%，麸皮 15%，磷肥 1%，尿素 0.5%，石灰 3.5%。

9）玉米芯 40%，豆秸屑 46%，麸皮 10%，石灰 3%，石膏 1%。

【注意】

　　以上秸秆粉碎成粗糠，玉米芯粉碎成黄豆粒大小，粪打碎晒干。具体可根据各地资源选用合适的栽培原料。

2. 拌料及发酵处理

首先把培养料混合均匀，调节含水量至 65%~70%，建堆时堆底宽 1.2~1.5 米、顶宽 1~1.3 米、高 1~1.2 米，自然成梯形纵向延长。在堆的腰部隔 30~40 厘米，用直径为 3~4 厘米的木棍平行打两排通气孔，上下两排孔要相互交错（图 7-10）。当料中心温度上升到 70℃以上开始计时，24 小时

图 7-10　培养料发酵

后翻堆，翻堆时要求把中间料翻到两边，把外边的料翻到里面。全部发酵需 7~10 天，期间翻堆 3 次。培养料发酵结束后培养料无酸臭味、颜色呈深棕色、含水量至 60%~65%，pH 为 7.5~8。

【注意】

发酵时间不应过长，否则会消耗大量养分；时间也不能太短，太短发酵不充分，达不到发酵目的。

四、提高鸡腿菇畦式直播栽培效益

1. 挖畦

根据栽培棚的类型和大小在棚内挖畦。2 米宽的拱棚，可沿棚两侧挖畦，畦宽 80 厘米，中间留 40 厘米宽的人行道。在倾斜式半地下棚内，沿棚向留 3 条人行道，每条宽 40 厘米，平分成 4 个长畦，每畦宽 95 厘米左右；或在靠近北墙处留 1 条宽 70 厘米左右的人行道，南北向挖畦，畦宽 1 米，两畦之间留宽 40 厘米的人行道。在地上棚中，靠北墙留 1 条宽 70~80 厘米的人行道，南北向挖畦，畦宽 1 米，两畦之间留 40 厘米的人行道。以上 3 种棚内挖畦方式中，将挖出的土筑于人行道上及畦两端，使畦深 20 厘米。

2. 铺料、播种

挖好畦后，在畦底撒一薄层石灰，将拌好的生料或发酵料铺入畦中，铺料厚约 7 厘米时，稍压实，撒 1 层菌种（菌种掰成小枣大），约占总播种量的 1/3，畦边播量较多；然后铺第二层料，至料厚约 13 厘米时，稍压实，再播第二层菌种，占总播种量的 1/3（总播种量占干料重的 15%）；再撒 1 层料，厚约 2 厘米，将菌种盖严，稍压实后，覆盖塑料薄膜，将畦面盖严、发菌。

3. 发菌管理

播种到覆土之前管理的重点是抓好拱棚温、湿、光、风、气及病虫害防治工作，以促进鸡腿菇菌丝在培养料中尽快萌发定植，并迅速生长。主要管理措施如下：

（1）湿度管理　播种后 3 天内以保湿为主，拱棚要紧闭门窗及通风口，每天早晚开 1 次小窗通风 15~30 分钟，室内空气相对湿度保持在 80%~90%，促进定植于培养料中的菌丝尽快萌发。3 天后，当新生菌丝开始生长时，逐渐加大通风量以降低料温，使菌丝向料内深入并抑制杂菌生长，此时室内空气相对湿度可保持在80%~85%，一直保持到菌丝生长结束。

（2）温度管理 菌丝发育的最适温度为22~26℃。播种后将拱棚的温度调到22~24℃，但不能超过28℃，也不能低于15℃。若气温超过28℃，早晚开窗通风降温（勿使料面干燥）；若气温低于15℃，则采取升温措施。播种3天后，菌丝的生长使料温上升。这时要把料温控制在24~28℃，不能超过30℃，以免烧坏菌丝。发菌期棚温控制在26℃以下。

（3）光照管理 发菌期间要保持黑暗环境，防止强光照射，同时做好病虫害的预防工作。在适温（22~26℃）条件下，播种后18~20天菌丝可长到料底。

【提示】

　　发菌期如果出现杂菌，应及时清除，以免蔓延。

4. 覆土

（1）覆土时间 根据料层菌丝的生长程度决定。一般要求翻开培养料，当菌丝吃到2/3以上料、大部分菌丝的生长部位已接近培养料底部时进行覆土。正常管理条件下，播种后15~18天即可覆土。

（2）覆土材料处理 覆土质量的好坏直接关系到鸡爪菌的发生与否。一般来说，覆土要选择远离栽培场地、从未种过鸡腿菇地块的土壤，最好是20厘米以下的深层土，覆土要过筛且暴晒2~3天，再加入2%~3%的石灰粉，每立方米覆土用5%甲醛2.5千克并混合50%的敌敌畏200倍液喷洒，用塑料薄膜闷24小时后，摊开，药味散尽后待用。

【提示】

　　①理想的覆土材料应具有喷水不板结、湿时不发黏、干时不结块、表面不形成硬皮和龟裂等特点，一般多用稻田土、池塘土、麦田土、豆地土、河泥土、林地土等，一般不用菜园土，因其含氮量高，易造成菌丝徒长，结菇少，并且易藏有大量病原菌和虫卵。②覆土材料要求无杂菌、无虫卵、湿度适宜，提倡采用草炭土、煤灰渣、蚯蚓粪土、牛马羊等食草动物堆积沤制的粪土、沼渣、沼液等有机肥料，其营养丰富、结构疏松、持水性强、通气良好，少用或不用化肥。

（3）**覆土方法**　先覆土粒直径为 1.5~2 厘米的粗土，使土表空隙多，透气性好；再覆直径为 0.5~1 厘米的细土。每 100 米² 菇床需 4.5~5.5 米³ 的覆土材料，覆土层约 3 厘米厚，喷清水至覆土最大持水量，上面可覆盖塑料薄膜进行发菌，切忌覆土后喷水过多。一般菇床铺料厚则覆土厚。

【提示】

　　选用粗土、细土覆土时，粗土以有机质多、空隙多、透气性好、蓄水力强的砂壤土为好；细土以带有黏性的黏壤土为宜，其结构较为紧密，直接喷水不易松散、不会板结，不影响土层透气性。

5. 出菇管理

（1）**出菇前管理**　覆土至出菇需 18~20 天。覆土后 7~10 天，棚温控制在 21~25℃，空气相对湿度保持在 85% 左右，室内保持较黑暗环境。覆土后期，上层发菌已结束，开始形成原基，此时棚温降到 18~20℃，料温降到 21~23℃，空气相对湿度为 85%~90%。同时适量增加一些散射光，以促进原基形成。

（2）**出菇后管理**

1）水分管理。精细喷水，当子实体原基长到米粒大小时喷出菇水，每天每平方米菇床喷水 600 毫升为宜，持续喷出菇水 2~3 天，促使原基生长；当原基进入黄豆粒大小的幼蕾期时，每平方米每天喷水 650~700 毫升，连续喷水 2~3 天；成菇期需根据菇体生长情况、当时天气条件、菇棚湿度及通风状态等，以勤喷、少喷为主，一般应保持菇床湿润，但不能让水珠停留在菇体上，每次喷水后立即通风、降温、降湿，减少病害发生（图 7-11 和图 7-12）。

2）通风管理。一般每天通风 2 次，每次通风 20~30 分钟，保持空气相对湿度为 85%~90%。

3）温度管理。温度尽量控制在 16~24℃。当棚温低于 15℃时，要设法升温；当棚温超过 25℃时，要设法降温。

4）光照管理。一般光照强度为 50~100 勒，每天光照时间以 5~10 小时为宜。

图 7-11　鸡腿菇大田栽培

图 7-12　鸡腿菇大棚畦式直播栽培

五、提高鸡腿菇代料栽培效益

1. 塑料袋选择

可选用低压聚乙烯塑料袋，规格为（40~50）厘米 ×（25~28）厘米，可装干料 1~1.7 千克；也可用大袋，其规格为 70 厘米 × 60 厘米，可装 5 千克干料；熟料栽培可选用低压聚乙烯袋，其规格为（20~22）厘米 ×（40~45）厘米，可装干料 2 千克。

2. 装袋接种

装袋时采用层播法，即 3 层料 4 层菌。装袋方法为先将培养料四周摊开降温至 30℃以下再进行装袋，否则不利于后期发菌。装袋时先用细绳将菌袋一端扎死，在底部撒 1 层菌种；接着装 1 层培养料，再撒 1 层菌种，此时注意将菌种撒在菌袋内的四周，更有利于后期发菌；然后再撒 1 层培养料和 1 层菌种，菌种仍撒在菌袋内的四周；最后再撒 1 层培养料和 1 层菌种，扎口即成（图 7-13）。为使装后的菌袋不凸不凹、手持有弹性，要求在填装培养料时用除大拇指外的 4

图 7-13　装袋

根手指并拢弯曲后轻压菌袋四周的培养料，中间不用按压。

3. 发菌

菌袋入棚前需先进行棚内消毒杀菌处理，具体方法为先用石灰粉撒匀全棚，然后用硫黄进行密闭熏蒸，棚室密闭 3 天后进行通风换气，此时菌袋可进棚进行暗光发菌。棚内温度控制在 22~25℃，有利于子实体的形成，为商品菇的形成奠定基础。空气相对湿度保持在 75%~80%，有利于发菌。另外，要求菇棚可通风换气。菌袋按单排排放，每排 4 层，每 5 天倒 1 次袋，期间要经常查看，发现杂菌要及时清除。一般 3~5 天菌种即可萌发，此时可见菌袋内部发白，30~45 天菌丝可长满全袋（图 7-14），可进行脱袋覆土。

图 7-14　鸡腿菇大袋栽培发菌

【提高效益途径】

鸡腿菇是土生菌，子实体发生需要土壤中的微量元素和伴生菌刺激。不覆土，菌丝体生长再好，也不能形成子实体。另外，菌袋发好菌后，在 28℃ 以下放置 3 个月也不会影响产量，所以菇农可根据温度或市场需要，适时覆土出菇，保证栽培成功和适时上市，以提高经济效益。

4. 覆土

袋料栽培分为脱袋覆土（图 7-15）和不脱袋覆土（图 7-16）两种方式。脱袋覆土是把发好菌的菌袋全部脱掉进行畦式栽培；不脱袋覆土一般是把发满菌的菌袋扎口绳去掉，拉直袋口，然后在菌袋上端覆土 2~3 厘米，盖膜保温保湿，养菌出菇。

图 7-15　鸡腿菇脱袋覆土

图 7-16　鸡腿菇不脱袋覆土

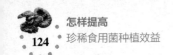
【提示】

　　不脱袋覆土的优点是减少了挖畦、脱袋的工序，解决了覆土量大的难题，省工、省时，并且节省土地；可利用多种场地，如各种床架、畦床、防空洞、土洞、庭院空地、房顶平台等，出菇时间安排灵活，菌袋污染少，并且易及时清除污染袋。其缺点是生物转化率低，第二、第三潮菇不易形成。

5. 出菇管理

　　覆土后，加强对湿度的管理，保持空气相对湿度在 75% 以上。当菌丝长出覆土层时，要适当降温，尽量创造温差，减少通风，降低湿度，及时喷"结菇水"，以利于原基形成。喷水不要太急，宜在早晚凉爽时喷。气温高时，每天喷水 1~2 次，要掌握"菇蕾禁喷，空间勤喷；幼菇（菌柄分化）酌喷，保持湿润；成菇（完全分化）轻喷"的科学用水方法。

　　适当增加散射光强度进行催蕾，避免直射光照射，以使菇体生长白嫩；并注意将薄膜两端揭开通小风，刺激菌丝体扭结现蕾。适当缺氧能使子实体生长快而鲜嫩，菇形好（图 7-17）。大田栽培时，4~5 月应加盖双层遮阳网；若在树林或果树下，加 1 层遮阳网，避免直射光的照射。菇蕾形成后，经精心管理，7~10天后子实体达到八成熟，菌环稍有松动，即可采收（图 7-18 和图 7-19）。

图 7-17　鸡腿菇菇蕾

图 7-18　鸡腿菇脱袋出菇

图 7-19　鸡腿菇不脱袋出菇

【注意】

温度、湿度、通风、光照是关系鸡腿菇产量和质量的主要因素，各因素既相互矛盾又相辅相成。通风降温不要忘记保持湿度，保温保湿也不要忘记通风，根据不同季节，科学管理。

六、适时采收和转潮管理

1. 采收

当子实体长到 7 厘米以上，为梭状，菌盖包裹紧实时即可采取。一旦菌盖变松，菌褶变黑，则质量下降。鸡腿菇成熟开伞后，子实体很快自溶，呈墨汁状，失去商品价值。因此，当达七八成熟，菌盖尚紧包菌柄时应及时采收。采大留小，采收时用手捏住菌柄基部左右转动后轻轻拔出，勿带出基部土壤（图 7-20）。

图 7-20　采收后的鸡腿菇

【提示】

温度高于 22℃时，子实体生长快，每天应采收 2~3 次。

2. 采后处理

采收后应及时清理畦面，勿留残菇和老化菌根，补平采菇留下的孔、洞和缝隙，并一次性补足水分，保湿养菌直至下潮菇出现。

3. 转潮管理

1）用直径为 3~4 厘米的木棒，每隔 25 厘米在畦床上打孔至距菌床底部 3 厘米处，3 天内喷透覆土层，直至其他地方均湿润，通风 2 天使表面干燥，调节棚温为 20~25℃。

2）畦床表面撒 1 层石灰和菌剂（50 千克石灰 + 0.5 千克菌剂）。

3）当菌丝生长到土壤表面时加大通风量，诱导子实体形成，一般覆土后 20 天左右就长出子实体。子实体形成后，要进行温度、湿度、光照和通气管理。

第二潮菇的生物转化率为 30%~40%，两潮菇总生物学效率为

100%~130%，增产增收效果明显。

七、正确贮藏和烹调

1. 常温贮藏方法

如果数量不多，可将鲜菇根部的杂物削除干净（图 7-21），放入淡盐水中浸泡 10~15 分钟，捞出后沥干水分，再装入塑料袋中，可保鲜1 周。

如果贮藏数量较多，可先将鲜菇晾晒一下，然后放入非铁质容器中叠加贮藏。注意叠放时放 1 层鲜菇撒 1 层盐，此法可存放 1 年以上。

2. 冷藏方法

（1）低温冷藏　鲜品在 3~5℃环境下，可贮藏 15 天以上，新鲜度可保持不变（图 7-22）。

图 7-21　鸡腿菇削根

图 7-22　鸡腿菇保鲜包装

（2）冷冻贮藏　将鲜品进行杀青处理，可长期贮藏。具体方法是将鲜品在沸水中煮 3~5 分钟，然后用冷水冲凉滤水，洒 1 层淡盐水，冷冻贮藏。

3. 烹调方法

鲜品食用前用开水焯 3~5 分钟，然后依据个人喜好进行烹饪。炒、炸、凉拌、煲汤、做水饺都可（图 7-23 和图 7-24）。

（1）凉拌法　将鲜菇洗净，用开水煮熟，在凉水中浸泡后捞出，切片或丝，淋香油、醋，并加适量食盐，拌匀即可食用（也可依据个人口味，用辣椒油或芥末油凉拌）。

图 7-23　鸡腿菇炒虾仁

图 7-24　鸡腿菇干烧鱼

（2）炒肉片（丝）　鸡腿菇 250 克，猪肉 50 克，食用油 25 克，姜末适量，将鸡腿菇和猪肉切成片或丝，翻炒即可。

（3）油炸菇片　将鸡腿菇切成片，然后表面裹一层鸡蛋清，油炸即可。

（4）做汤　将鸡腿菇切片（丝）先炒，然后做成汤。

（5）包水饺　将鸡腿菇切碎做馅包水饺。

八、防控主要病害

1. 鸡爪菌

【症状表现】　鸡爪菌专一性很强，只危害鸡腿菇，此菌可在土壤中存活很长时间，一遇到合适条件，其孢子即可萌发危害，目前尚无有效药物可用。鸡爪菌是危害严重的一种寄生性病原菌，主要发生在鸡腿菇的子实体生长阶段，其子实体酷似鸡爪，故俗称为鸡爪菌（图 7-25）。鸡爪菌的子实体一般在菌袋覆土 20 天后才发生，子实体无论有无覆土均可形成。

图 7-25　鸡爪菌

【发生原因】　鸡腿菇菌丝生长时，受土壤中杂菌菌丝侵扰，二者结合扭结发生变态，长成鸡爪样。发生时呈暗褐色、尖细、基部相连，其菌丝与鸡腿菇争夺养分并抑制鸡腿菇菌丝生长，造成鸡腿菇严重减产，甚至绝产。鸡爪菌多在夏初及 2 潮菇后大量发生，阴暗、温度高、湿度大、通风不良、菌床水分多时易诱发此病。培养料及覆土消毒杀菌不彻底，栽培环境消毒不够，也是导致此菌发生的主要原因。生料、发酵料比熟料更易发生鸡爪菌危害。

鸡爪菌即叉状炭角菌，属于竞争性杂菌，是一种蕈状芽孢杆菌，主要存在于自然界中的枯木、草料、土地及空气中，其子囊孢子可随栽培原料、土壤、空气等多种媒介侵入鸡腿菇生长基质。其适宜生长温度为 24~32℃，10~15℃不萌发；适宜空气相对湿度为 90%~95%，空气相对湿度小于 75% 子囊孢子不萌发；适宜的 pH 为 6.5~7.5，9 以上不萌发。

【防控措施】①使用优质菌种。②原材料必须新鲜、干燥、无霉变。③培养料中加入 0.1%~0.2% 的 50% 多菌灵或克霉王等，抑制杂菌生长。④堆积发酵要彻底，最好进行熟料栽培。⑤选用覆土要慎重，必要时进行消毒处理。⑥在气温偏高的季节栽培时，最好不脱袋覆土出菇，避免相互传染；在高温季节采取不脱袋覆土法，将菌袋划 3~5 道口或开 5~6 个直径为 3~4 厘米的小洞后排在菇床上覆土出菇；或将菌袋直立，把土直接覆在袋口上，可有效防止交叉感染。⑦管理上注意降温、降湿、加大通风、避免菇棚内积水。⑧春末夏初或夏秋高温季节栽培时发病率高，一般选在 9~10 月种植为好。⑨一旦发现鸡爪菌要及时挖除，防止孢子成熟和扩散。

2. 腐烂病

【症状表现】 腐烂病是常见的细菌性病害，主要危害子实体。子实体形成初期，发病子实体会变成褐色，后导致菌盖变黑腐烂，只留下菌柄。

【发生原因】 高温高湿、通风不良的环境中，发病率比较高，而且在夏季反季节栽培时，很容易感染此病。

【防控措施】 ①投料前用石灰水、氢氧化钠等对菇棚进行消毒。②空气湿度及覆土含水量要稍低。③发病初期可用农用链霉素（浓度为 100~200 毫克 /1000 毫升）防治。④一旦发现应及时拔除病菇，以防传染。

3. 褐斑病

【症状表现】 染病初期，子实体菌柄和菌盖上出现褐色斑块，逐渐扩大，最终使整个菇体变褐。

【发生原因】 一般多发生在高湿的环境当中，或子实体形成时，如果喷洒污水也会诱发此病；夏季反季节栽培，高温高湿，多发生此病害。

【防控措施】 出菇期覆土含水量不宜过高，以土壤不粘手、表层土露白为宜；出菇期尽量避免向幼菇上喷水，环境湿度大时，应加强通风降湿。发现病菇之后要及时拔除，并带出菇房。

4. 褐色鳞片菇

【症状表现】 菌盖表面鳞片多，呈褐色，是一种生理病害。

【发生原因】 光照过强、湿度偏低。

【防控措施】 出菇期间应做好遮光管理，使其处在弱光下生长，避免强光照，空气相对湿度在 80%~85%，若低于 70% 要及时向墙壁和地面喷水。

第八章
提高大球盖菇栽培效益

第一节　大球盖菇栽培概况和常见误区

　　大球盖菇（*Stropharia rugosoannulata*）属担子菌门伞菌纲伞菌目球盖菇科，又名皱环球盖菇（图8-1），是国际菇类交易市场上较突出的十大菇类之一，也是国际粮农组织（FAO）向发展中国家推荐栽培的特色品种之一。鲜菇肉质细嫩，营养丰富，有野生菇的清香味，口感极好；干菇味香浓，可与香菇媲美，有"山林珍品"的美誉。

图8-1　大球盖菇

　　国内市场除鲜销外，也可以进行真空清水软包装和速冻加工，另外其盐渍品、切片干品在国内外市场的潜力也极大。

一、栽培概况

　　1922年在美国首先发现，1930年在德国、日本相继发现，野生大球盖菇分布在欧洲、北美、亚洲的温带地区，包括我国的云南、西藏、四川和吉林等地。1969年德国最早人工驯化成功，以后发展到波兰、捷克、匈牙利等国，后又逐渐发展到欧美国家都有栽培。20世纪80年代，上海市农业科学院食用菌研究所许秀莲等从波兰引进菌种，并试栽成功。

　　大球盖菇为草腐菌，主要利用稻草、麦秸、玉米秸、大豆秸、粪肥、农林废弃资源等农作物下脚料进行生料或发酵料栽培，具有较强的抗杂和抗逆能力，适应温度范围广，栽培周期短，从出菇到收获结束仅需 40 天左右；产量高，每平方米投料 25~30 千克，可收获鲜菇 15~25 千克。可利用温室大棚反季栽培，也可利用成年混杂林地、退耕还林地（图 8-2）、松树林地、果园、小拱棚（图 8-3）、小弓矮棚（图 8-4）等进行间作或套种。其栽培模式多样，技术易于掌握。栽培后的菌渣可以直接还田，有利于改善土壤质量，增进土壤肥力，同时缓解农林废弃资源造成的环境问题，具有较好的经济、生态和社会效益，是近年林下经济优选品种，逐渐成为各地乡村振兴、种植结构调整的优势项目。

图 8-2　大球盖菇林地栽培

图 8-3　大球盖菇小拱棚栽培

图 8-4　大球盖菇小弓矮棚栽培

近年来，我国部分省市栽培面积不断扩大，福建、江西、四川、浙江等地均有大规模栽培，效益很好。目前主要销售市场为北京、上海、山东和江苏等省市，其中上海（尤其是浦东）增速快，山东有下降趋势，这些产区鲜品常年均价达到 20 元 / 千克以上，每亩可创收 1.5 万 ~2.5 万元。

二、常见误区

1. 种植偏盲目

由于消费量增加与高经济效益的吸引，许多地区都把其作为短平快致富项目，但栽培是科学、严谨的系统工程，许多菇农得不到理想的成品率，产量下降、质量上不去成为普遍现象。即使大球盖菇产量丰收，

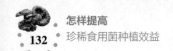

也存在当地消费跟不上、外销途径不畅、加工产业不成熟等问题。

2. 不注重因地制宜利用原料

栽培原料来源广，但有的菇农在小麦主产区栽培却专门购买稻壳、稻草，不能充分利用当地丰富的农作物秸秆原料。

3. 栽培管理不精细

原料选择等方面存在问题，如原料发霉、陈旧，发酵过程不达标，配方随意，发菌管理不善等问题时有发生。

4. 产业有待完善

虽然发展前景看好，但目前市场还不是很成熟，需要较长时间的培养和宣传；产品加工还没有提上日程，销售淡季只能采取干制等简单加工方法（图8-5）。要想把产业做大做强，就必须从原料、菌种、机械种植、开拓市场等方面全面提升，形成产业集群。

图8-5　大球盖菇干品

第二节　提高大球盖菇栽培效益的途径

一、掌握生长发育条件

1. 营养

稻草、麦秸、木屑等作为碳源，麸皮、米糠可作为氮源。栽培其他蘑菇所采用的粪草料及棉籽壳反而不适合作为大球盖菇的培养基。

【注意】

　　培养料要求新鲜、无霉变，暴晒后贮藏，不含农药或其他有害化学成分，稻草、麦秸、大豆秸、玉米秸、玉米芯使用前应碾压、打碎，有利菌丝透气繁殖。1亩地备料5000~7000千克。

2. 环境

（1）温度

1）菌丝生长阶段。菌丝生长温度为5~36℃，最适温度为24~28℃，在 10℃以下和 32℃以上时菌丝生长速度迅速下降，超过 36℃，菌丝停止生长，高温延续时间长会造成菌丝死亡。低温下，菌丝生长缓慢，但不影响其生活力。温度升高至 32℃以上时，虽不至于造成菌丝死亡，当温度再恢复到适宜温度时，菌丝生长速度明显减弱。

2）子实体生长阶段。子实体形成所需的温度为 4~30℃，原基形成最适温度为 12~25℃。气温超过 30℃，子实体原基难以形成。

（2）湿度　菌丝基质在含水量为 65%~80% 的情况下能正常生长，最适含水量为 70%~75%。实际栽培中，发现菌床雨淋后，基质中含水量过高严重影响发菌，虽然能出菇，但产量不高。子实体发生阶段一般要求空气相对湿度在 85% 以上，以 95% 左右为宜。

【注意】

　　菌丝从营养生长转入生殖生长必须提高空气相对湿度，方可刺激出菇，否则菌丝虽生长健壮，但空间湿度低，出菇也不理想。

（3）光照　菌丝生长完全不需要光照，散射光对子实体的形成有促进作用。实际栽培中，栽培场选择半遮阳环境，效果更佳。主要表现在两方面：其一是产量高；其二是菇的色泽艳丽，菇体健壮，可能是因为太阳光提高地温，并通过水蒸气的蒸发促进基质中的空气交换以满足菌丝和子实体对营养、温度、空气、水分等的要求。

【注意】

　　较长时间的太阳光直射，会造成空气湿度降低，使正在迅速生长而接近采收期的菌柄龟裂，影响商品外观。

（4）空气　大球盖菇是好氧性真菌，菌丝生长阶段，对通气要求不严格，二氧化碳含量可达 0.5%~1%；而在子实体生长发育阶段，二氧化碳含量要低于 0.15%。

【提示】

　　当空气不流通、氧气不足时，菌丝生长和子实体发育均会受到抑制，特别是在子实体大量发生时，更应注意场地的通风，只有保证场地空气新鲜，才能确保优质高产。

（5）酸碱度　pH 为 4.5~9 时均能生长，以 pH 为 5~7 较适宜。在 pH 较高的培养基中，前期菌丝生长缓慢，但在菌丝新陈代谢的过程中，会产生有机酸，使培养基的 pH 下降。

（6）土壤　菌丝营养生长阶段，在没有土壤的环境中能正常生长，但覆土可以促进子实体形成。不覆土，虽然也能出菇，但出菇时间明显延迟，并且出菇少、不整齐，有的甚至不出菇。覆盖的土壤要求含有腐殖质，质地松软，具有较高的持水率，pH 以 5.7~6 为好。覆土切忌用砂质土和黏土。

二、选择适宜的栽培季节和栽培模式

1. 栽培季节

大球盖菇适温广，4~30℃均可出菇，除 6~9 月气温超过 30℃不利于出菇外，其余季节都可出菇。

在温室大棚内反季栽培要从 10 月中旬起开始投料播种（图 8-6），12 月或元旦起大量出菇，春节前出完 2 潮菇，正月期间出第三潮菇，农历二月期间出第四潮菇。这几个出菇高峰期正值节日，市场价格高、效益好，是投料栽培的黄金时节。如果投料播种过早，大棚内温度高，容易导致热害伤菌，造成栽培失败

在林地、果园、向日葵地、玉米地套种栽培，应在 9 月末开始投料播种，10 月下旬开始出菇，在上冻前出 1~2 潮菇，越冬后第二年春季再出 3 潮菇。

2. 栽培模式

（1）林果地套种　该模式适用于北方秋、冬季投料栽培，春季出菇（图 8-7）。

图 8-6　在温室大棚遮阳处栽培大球盖菇

图 8-7　桑树林栽培大球盖菇

【注意】

　　林下种植面积较大时，播种时间应适当错开，分期分批进行，每隔1~2天播种2亩左右，避免后期出菇高峰采收不及时，影响成菇商品性，减少收益。

　　（2）露地栽培　该模式适合我国南方冬季进行栽培（图8-8）。

　　（3）玉米地菇、粮套种　该模式适合我国东北地区进行栽培（图8-9）。

图8-8　露地栽培大球盖菇　　　　图8-9　玉米地栽培大球盖菇

　　（4）保护地栽培　该模式指在大棚、温室内进行栽培，适合区域广泛。

【提示】

　　大球盖菇适宜在半遮阳的环境中栽培，切忌选择低洼和过于阴湿的场地。场地周边要挖好排水沟，并与畦床操作道相连，便于排水。

三、因地制宜选择高效配方

配方如下：

1）单独使用稻草或稻壳或麦秸或玉米秸100%，营养土适量。

2）稻草或麦秸50%，稻壳50%，营养土适量。

3）玉米秸（粉碎）50%，稻壳50%，营养土适量。

4）稻壳85%，木屑15%，营养土适量。

5）稻壳70%，大豆秸（粉碎）30%。

6）稻壳（稻草）85%，草炭土15%。

7）木屑 30%，麦秸 40%，树叶 29%，石灰 1%。

8）稻草或麦秸 60%，稻壳 15%，杂木屑 12%，杂草 12%，石灰 1%。

9）麦秸 60%，玉米秸 20%，牛粪粉 10%，麸皮 8%，生石灰 2%，加少许微量元素。

10）稻壳或稻草（切段）70%，出过平菇、香菇、木耳等的废料菌糠及污染料（经发酵处理后加入，和主料混拌后再发酵使用）30%。

11）玉米秸 45%，稻草 40%，稻壳 13%，生石灰 2%。

12）玉米芯 38%，杂木屑 30%，稻壳 30%，生石灰 2%。

13）麦秸 60%，粗米糠 20%，杂木屑 18%，生石灰 2%。

以上配方中的玉米秸截成长 5~10 厘米的小段，小麦或水稻秸碾压成长 10~20 厘米的碎段，玉米芯粉碎成直径为 0.8~1 厘米的颗粒。

【小窍门】

　　两种以上不霉变的原料混合使用，可相互补充各自的营养不足，有利于提高菌丝质量，从而提高产量。麦秸、玉米秸、大豆秸等质地较硬、较长的原料最好用铡草机切成长 2~4 厘米的碎渣片或将秸秆铺在平地上，碾压扁平后使用；稻壳不需要提前处理。

四、根据季节灵活处理培养料

1. 生料栽培

自然气温在 20℃以下时，麦秸或稻草处理后可以生料栽培。处理方法为将秸秆投入沟池中，用干净水浸泡，48 小时后捞出沥水；也可将秸秆铺在地面上，采用多天喷淋方式使秸秆吸足水分，每天多次喷浇水并翻动，使其吸水均匀。用手抽取有代表性的秸秆拧紧，若有水滴渗出而水滴是断线的，表明含水量在 70%~75%，此时便可以铺料播种。

2. 发酵料栽培

自然气温高于 23℃的夏末秋初播种，或原料不新鲜、有霉变时，原料需要发酵处理。提前 1~2 天将主料摊薄，撒 1%~2% 石灰粉，清水喷湿，建成底宽 1~2 米、顶宽 0.8~1.2 米、高 1~1.5 米的料堆，每隔 0.5 米打 1 个通气孔，孔的直径达到 10 厘米以上（图 8-10）。

栽培中注意以下几点。

1）建堆体积要适宜，体积过大，虽然保温保湿效果好、升温快，但边缘料不能充分发酵；料堆体积过小，不易升温，腐熟效果较差。

2）料温达到65℃时（堆顶以下20厘米处）维持48小时以上才能翻堆，以杀死有害的霉菌、细菌、害虫的卵和幼虫等；翻堆要做到上下、内外翻均匀（图8-11）。

图8-10　培养料发酵

图8-11　翻堆

3）若投料量大，发酵后期，可结合翻堆取出中部发酵好的料栽培。表层和下层的料翻匀后继续起堆发酵，此法称为"扒皮抽中发酵法"。

4）播种前发现堆料水分耗失严重时，可用pH为7~8的石灰水加以调节，一定不要添加生水，以免滋生杂菌，导致播后培养料发黏发臭。

【提示】

　　轻简化发酵技术：按照配方把处理好的玉米秸、麦秸、稻草等暴晒2~3天，在拌料前1天用2%的石灰水预湿24小时。滤去多余水分后与玉米芯、木屑、麸皮等其他辅料充分混匀，调节含水量至65%~70%。选取地势较高、地面平坦硬化、远离污染源的场地，建下宽1.6~2米、上宽1~1.5米、高1~1.2米、长度不限的长形料堆。在料堆的底部平行埋入2根直径为15~20厘米的PVC（聚氯乙烯）管，距料堆上端0.5米处打直径为2厘米左右的通气孔，孔径由近至远逐渐增大，至料底端0.5米处封堵气道，PVC管的另一端接5千瓦的鼓风机。料堆表面整平后从侧表面向堆底每隔2米打2排直径为 5 厘米的通气孔,必要时用薄膜或草苫覆盖料堆并压实周边。鼓风机间歇式鼓风增氧,调控料温在 65℃左右,1~2 天后翻堆 1 次,3~4 天完成一次发酵。一次发酵结束后,PVC 管外端接蒸汽转入二次发酵,通过间歇式通风、通蒸汽,待料温达到 60℃时保持 8~10 小时,整个发酵结束。

五、创建适宜的栽培环境

1. 改善栽培环境

清理杂草及其他植物根茎,平整土地,对地面、棚顶、后墙、林下及周边环境进行 1 次灭菌杀虫处理,减少病虫危害。栽培前用旋耕机将地翻 1 次,灌 1 次透水(图 8-12)。土层呈颗粒状最好。

图 8-12 林地土壤处理

【提示】

无论是大田、林地还是设施大棚栽培,均应安装微喷系统,协调管控温度、湿度和通风,达到最适出菇环境。

2. 做畦

畦床宽 1.3 米,垄高 5~10 厘米(地势低易积水时,起垄高一些,图 8-13),作业道宽 40~50 厘米。将土放在畦床的作业道上,覆土备用。畦面呈中间略高的龟背形以防积水,铺料前在畦面撒 1 层石灰粉,至见白即可。

六、播种、发菌精细管理

1. 播种

当培养料含水量在 70%~75%,

图 8-13 大球盖菇畦面

料温在 25℃以下时可铺料播种,分两层完成。

(1)第一层播种 首先铺 8 厘米厚、1.2 米宽的培养料,然后将 1.2 米宽的料床分成两垄,两垄间距为 12 厘米左右,两垄南北两端用料封围,以增加投料量、出菇量,并且便于灌水(图 8-14)。料层要平整,厚度均匀,宽窄一致。将菌种掰成 3 厘米 ×3 厘米大小,每个单垄横向播 3 穴,间距为 10 厘米,顺垄 3 行穴播,菌种间隔 10 厘米,播种穴深度为 5~8 厘米。

(2)第二层播种 播种第一层后,在每个单垄上再铺 8 厘米厚的培养料,沟内料厚 3 厘米,整理成拱形垄状,然后将菌种按入表层料内 2 厘米深处,顺垄 3 行穴播,菌块间距为 10 厘米,用手或耙子将穴内菌块用料盖严,有利于沟内大量出菇(图 8-15)。

图 8-14　第一层播种

图 8-15　第二层播种

【提示】

　　两层用种量各为 50%;两垄侧面呈斜面坡形,不能立陡,防止覆土时滑落。一畦双垄通过技术标准整形后,用木板轻轻拍平,使菌种和培养料紧密接触,部分菌种落入草中,有利于早封面,避免杂菌侵染。

2. 覆土及覆草遮盖

(1)覆土时间 林下栽培及第二年出菇栽培模式,播种后可立即覆土;棚栽或当季出菇栽培模式,菌丝长至培养料厚度的 2/3 时覆土(图 8-16)。

(2)覆土 可利用作业道上的土,覆土厚度为 3 厘米。覆土后从料垄两侧扎 2 排直径为 3~5 厘米的孔洞至料垄中心下部床面,孔洞呈"品"

字形，间隔 15~20 厘米，以便料垄中心有充足的氧气，并防止料垄中心升温烧菌（图 8-17）。

图 8-16　播后管理

图 8-17　覆土（左）和
打孔（右）

（3）覆草　覆土后在遮光不好的林地，采用横向覆盖麦草（稻草）的方法来避光、保湿、防雨；出菇期采用麦草（稻草）顺床覆盖的方法，浇水时料垄表层可充分吸水。覆草要到位，料垄边缘要封盖严密，以不见覆土为准，防止阳光直射土层向料内传导热量。遮蔽度大的林地可不用覆盖麦草（稻草），在大棚内出菇也可覆盖遮阳网出菇（图 8-18）。

【提示】

覆草要用 2% 的石灰水提前浸泡，否则会引起鬼伞大量发生。林下栽培越冬需要 1 层黑色地膜保湿（图 8-19），覆膜前需灌溉 1 次。

图 8-18　覆盖遮阳网出菇

图 8-19　覆膜

3. 发菌管理

播种后 15~25 天，料温易急剧升高，如果发现料温超过 25℃，就要用铁叉子插入料垄底部向上掘起，使料垄表层裂缝，利于散热透氧。当菌丝长至培养料 2/3 时，培养料内的菌丝开始进入土层，此时要求覆土层保持湿润，不能用大水喷浇，否则菌丝不易上土。如果土层过于干燥，菌丝更不易进入土层，以致出菇迟缓。如果在秋季高温发菌，作业道沟必须勤灌水，以降低床温，防止高温退菌，但水不能过多，以防流入垄畦底，淹死菌丝。

【提示】

初冬、早春投料播种，自然气温低，料垄中部不易升温，发菌安全率高。夏季或初秋播种，播种覆草后要布设雾化喷水设施，采用雾化喷水带进行喷水增湿、降温（图 8-20）。覆草要保持湿润，但不能大水喷浇以免水浸入培养料内。

一般 50~60 天菌丝吃透料垄，覆土层布满菌丝，覆土层内和基质表层菌丝束分枝增粗，通过营养后熟阶段后即可出菇（图 8-21）。

图 8-20　增湿
降温

图 8-21　菌丝吃透覆土层

七、出菇精细管理

1. 催蕾

覆土层中有粗菌束延伸，菌丝束分枝上有米粒大小的白点，是出菇前兆。保持覆土层湿润，并移动覆草，让爬生在覆草上的菌丝倒伏，迫使

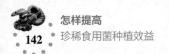
其从营养阶段向生殖阶段转化。

【注意】

覆土层和原料要湿润，采用少量多次喷水的原则，不能大水喷浇，以免幼菇死亡。注意不能向将要采收的子实体上喷水，以免菇体腐烂。

2. 出菇管理

（1）水分管理　子实体生长适宜的相对湿度为90%~95%，诱导幼菇发生时，要少喷水、勤喷水。黄豆大小的幼菇出现后，以保持覆土层及覆草湿度为主，每天小水喷浇，不能大水喷浇，否则会造成幼菇死亡（图8-22）。如果正在迅速膨大生长的子实体得不到充足的水分，则会生长缓慢，有的造成子实体菌盖或菌柄裸裂。

（2）温度管理　出菇适宜温度为10~25℃，低于4℃或超过30℃不能出菇。温度低时，生长缓慢，但菇体肥厚，不易开伞，腿粗盖肥（图8-23）。温度高虽然生长快，但朵小，盖薄柄细，易开伞。

图8-22　水分管理

图8-23　温度管理

【提示】

遮阳不好的林地要将草覆盖厚些，但覆草要膨松、不紧密，用叉子挑悬空透进一定量的光照，还能有效防止因林地风大吹干裸露的菇体。晚秋初冬温度降低时更要加厚覆盖管理，可在上冻前多出1潮菇。

3. 采收

当菇体达到采收质量要求时要及时采收
（图 8-24），一般现蕾 7 天左右，孢子粉尚未
弹射、尚未开伞为采收适期，此时口感最佳。
采收过迟，菌盖展开，菌褶变为暗紫色，菌
柄中空，失去商品价值。采收时注意不要松
动边缘幼菇，防止死亡。采后菌床上留下的
洞穴要及时用土填平，清除残菇，以免腐烂
招引虫害。

图 8-24　采收

【注意】

①采收动作规范，用拇指、食指和中指抓住菇体下部，轻轻扭
转，松动后再向上拔起，保持菇体完整，避免松动周围小菇蕾。
②靶向定位采收，每天上午 9：00 前和下午 5：00 后根据生长情况
采收，做到一等品先采，次等品后采，提高一等品率，争取最大
效益。

4. 转潮管理

采收后菇畦要停水 2~3 天，让菌丝
休养生息，充分储蓄养分（图 8-25）。并
检查料垄中心的培养料是否偏干，如
果偏干，可采用两垄间灌水浸入料垄
中心或料垄扎孔洞的方法来补水，但
不能大水长时间浸泡或一律重水喷灌，
避免大水淹死菌丝体，致使培养料腐
烂退菌。

图 8-25　转潮管理

【提示】

若料中心偏干，子实体在料垄表层发育时，基质中底部的菌丝
体营养难以输送，导致下潮菇只吸收表层的基质菌丝营养，菇体细
小、易开伞，整个料垄的营养不能得到全面利用和转化，影响整体
栽培质量。

八、及时防控病虫害

栽培场所、设施及周边环境使用 50% 氯溴异氰尿酸 1000 倍液和 5% 甲维盐可湿性粉剂 1000 倍液进行消毒处理，杀灭病原菌和害虫。

1. 病害防控

【症状表现】 秋初外界自然气温较高，提早铺料播种，导致料垄内温度过高或严重缺氧，发菌期 20 多天后，菌垄内发生退菌，料中绿霉菌、毛霉菌等乘机繁殖并向覆土层蔓延。

【防控措施】 选用干纯、新鲜的培养料，如果原料潮湿或是废菌料，可在拌料前暴晒 2~3 天，利用阳光杀菌。发现局部杂菌感染时，通常将感染部位挖掉，并洒少量石灰水盖面，添湿润新土，拢平畦面；感染部位较多时，可用 5% 草木灰水浇畦面 1 次。7~8 月高温季节，当畦面有黏液状菌棒出现时，用 1% 漂白粉液喷床面以抑制细菌。

2. 虫害防控

【症状表现】 主要害虫有螨类、跳虫、蚂蚁、菇蚊、蛞蝓（图 8-26）等。

【防控措施】 地下害虫发生较多的地块，栽培前用暴晒方法杀灭，螨类、跳虫和菇蚊等害虫可在拌料前用敌敌畏喷雾杀灭；发现虫害，用辛硫磷、敌百虫粉撒到畦面无菇处。用低毒、高效农药杀虫，尽量避免残毒危害。蚂蚁用红蚁净撒在蚁路上或蚁窝内，白蚁用白蚁粉喷入蚁巢杀灭。喷施 5%~10% 食盐水进行蛞蝓防治。

图 8-26　蛞蝓

九、进行低温贮藏和干制

1. 低温贮藏

（1）人工冷藏　利用人工制冷来降低温度，以达到冷藏保鲜的目的。

1）短期休眠贮藏。鲜菇置于 0 ℃ 的环境中 24 小时，使其菌体组织进入休眠状态，一般在 20 ℃ 以下贮藏运输可以保鲜 4~5 天（图 8-27）。

图 8-27　鲜菇贮藏

2）简易包装降温贮藏。用聚乙烯塑料袋将鲜菇分装，袋内放入适量干冰并封口，1℃以下可以存放 15~18 天，6℃以下可存放 13~14 天，贮藏温度要稳定，忽高忽低影响贮藏效果。

3）块冰制冷运输保鲜。保鲜盒分 3 个格子，中间放用聚乙烯薄膜包装的鲜菇，上下是用塑料袋包装的冰块，定时更换冰块，有利于安全运输。

（2）机械低温贮藏　鲜菇清洁干净，分级，放入 0.01% 焦亚硫酸钠溶液中浸泡漂洗 3~5 分钟，捞出放入冰水中预冷处理至菇体温度为 0~3℃，捞出沥干水装筐，入 0~3℃ 冷库，空气湿度控制在 90%~95%，经常通风，二氧化碳浓度低于 0.3%，可保鲜 8~10 天。

2. 干制

（1）晒干　强光下将菇体放在筛网上，单层摆放，1~2 小时翻 1 次，1~2 天就可晒干，移入室内停 1 天，让其返潮，然后再在强光下复晒 1 天，收起装入塑料袋密封即可（图 8-28）。

（2）烘干　烘房预热达到 40℃，鲜大球盖菇上架，烘干脱水。要求升温慢，每隔 1 小时，气温上升 3~4℃ 为宜，气温升到 55~60℃ 维持到烘干为止，不可超过此温度上限。烘 6~7 小时后菇体内水分蒸发过半，要及时翻菇，菇体翻面，烘盘上下调换位置。烘至八成干时，将菇体取出装入塑料袋内存放 1 天，让菇心水分向表面移动，达到内外水分一致，然后重新入烘房内复烘，将含水量降到 12% 以下。烘干后

图 8-28　干大球盖菇

分级，趁干转入塑料袋密封，然后装入纸箱，运输途中不要挤压；仓储时温度为 15℃，空气相对湿度为 65% 左右即可。

第九章
提高白灵菇栽培效益

第一节　白灵菇栽培概况和常见误区

白灵菇（*Pleurotus tuoliensis*）属担子菌门伞菌纲伞菌目侧耳科，又名天山神菇、翅鲍菇、白灵侧耳、白灵芝菇、克什米尔神菇等，因形状近似灵芝，全身纯白色，故称白灵菇（图9-1）。

野生白灵菇寄生或腐生于阿魏的根部，是南欧—北非—中亚内陆地区春末夏初生长的品质极为优良的一种大型肉质伞菌，也是干旱草原上具有代表性的珍稀食用菌。早在20世纪50年代初，法国、印度和德国的科学家就对白灵菇进行了驯化栽培研究。我国于1983年对其进行组织分离，驯化栽培获得成功。

图9-1　白灵菇

白灵菇子实体质脆、可口，富含维生素、多糖、不饱和脂肪酸等多种营养成分，具有镇咳、消炎、防治肿瘤等功效，是一种食用和药用价值都很高的珍稀菌类。近年来，白灵菇被列为我国最具开发潜力的十大珍稀食用菌之一，是上佳的天然绿色保健食品，深受市场欢迎。

一、栽培概况

1. 产业现状

1997年商品化生产以来，发展速度很快，人工栽培产地遍及南北各地，尤其以北京、天津、河北、山东、河南生产规模较大。随着产业发展，生产技术不断创新，生产方式由过去仅在大棚生产发展到现在多种生产模式。目前我国白灵菇生产模式主要有3种：季节性设施栽培、人防工事或山洞等场所错季栽培和工厂化生产。利用自然温度季节性变化特点进行白灵菇大棚设施栽培，适宜区为我国长江以北各地。人防工事或山洞等场所内的温度较低，湿度较高，部分菇农利用场地特殊的气候条件，对栽培场所稍加改造错季栽培，与季节性栽培相比，能够提早或延后出菇，错开出菇高峰期，大幅度提高经济效益。工厂化生产指利用设施、设备创造适合白灵菇不同发育阶段的生长环境，立体化、规模化、反季节周年栽培（图9-2）。

目前，全国范围内主要季节性生产基地为河南清丰县、天津蓟州区、河北遵化市等，基地主要采用日光温室进行代料栽培。工厂化栽培企业主要集中在北京，采用工厂化周年生产模式生产，日产量一般均在1吨以上，投资规模都在600万元以上。

图9-2　白灵菇工厂化栽培

2. 市场状况和发展前景

白灵菇商品性状优于众多菇蕈，具体有四大特点：①组织紧实，肉质爽滑细嫩，嚼劲齿感，近似鲍鱼，耐炒耐煲，涮炖皆宜，味道独特。②外观洁白，无公害，正迎合当今市场"崇尚珍稀，向往绿色，关心安全，重视保健"的消费理念。③粗纤维含量高，保鲜性能好，采收后装袋，抽空减压，透冷包装进超市，货架期为20~25天，不褐变，不软腐。④耐贮性好，适于加工罐头和清水软包装，贮藏2年质地都不改变（图9-3）。白灵菇可加工罐头，切片烘干，或深加工为保健营养品、调味品及饮料添加剂。

图9-3　白灵菇腌制品

二、常见误区

1. 季节性栽培粗放，设施简陋

大面积生产中，多为日光温室季节性栽培，设施简单，条件简陋，抵御自然灾害的能力较弱。缺乏病虫害防治基本设施，发菌期间杂菌污

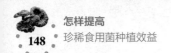

染，害虫侵害，出菇期间子实体发育不良，畸形严重，特别遇到高温天气，严重影响白灵菇生长发育，降低产量和效益。

2. 种植盲目性较大

白灵菇属低温型菇，对环境条件要求苛刻，我国南北自然条件差异极大，栽培管理要求不一。白灵菇价位高，许多地方在缺乏技术、缺少菌种的情况下，盲目投资、仓促上马，到处抢购菌种，造成菌袋成功率低，出菇率低，或赶不上市场价格好的时机，或收购商家多次压价，造成很多菇农亏本。

3. 菌袋质量欠佳

很多菇农为了图便宜，购进劣质或变质的原材料，给以后的生产带来巨大隐患，甚至带来灭顶之灾。有些菇农为了追求高产，大量使用高氮物质，甚至在夏季过量使用化肥，造成杂菌污染高，不发菌，不出菇。

4. 盲目增加日生产量

劳动力工资上涨，菇农为了降低生产成本便增加日生产量，以延长工时来降低成本。一般菌袋生产正值高温季节，从拌料到装袋时间超过10小时，杂菌就会大量繁殖，培养料发生酸败现象；如果采用小锅炉灭菌，产气量小而慢，料堆大，从灭菌到结束常超过40小时，有时灭菌还不彻底；还有菇农用塑料膜、苫布把料袋压得非常严实，长时间完全压实是错误的，必须把料堆下边打开一些，灭菌时放净冷空气，才能灭菌彻底。有些菇农看到菌袋有杂菌就认为灭菌不彻底，一味延长灭菌时间，殊不知灭菌时间过长，往往会造成营养流失，破坏营养结构，导致接种后发菌不良，产量降低。

5. 冷却操作不标准

为尽快降温，灭菌料袋到处乱放，造成料袋二次污染。甚至把有杂菌的料袋在培养室拆开、乱扔，这样将造成环境的严重污染，空间充满大量杂菌孢子，为后续生产造成隐患。为追求数量野蛮操作，破袋现象严重，报废率也高。

第二节　提高白灵菇栽培效益的途径

一、掌握生长发育条件

1. 营养

白灵菇属于腐生或寄生菌类，菌丝体浓密粗壮、穿透力强，能充分分解和利用基质营养，具有高产优势，最适高氮配方栽培。用棉籽壳、玉米芯、木屑、甘蔗渣等为主料，配以麸皮（或米糠）及玉米等的综合培养基，生长良好，2 潮菇生物转化率可达 80%~100%。

2. 环境

（1）**温度**　白灵菇属于中低温型食用菌，菌丝生长的最适温度为 25~28℃，35~36℃时菌丝停止生长。菇蕾分化温度为 5~13℃，子实体在 6~25℃均能生长，最适温度为 12~15℃。出菇必须有低温（10℃以下）和温差（10℃温差）刺激。

（2）**湿度**　菌丝生长的水分主要来自培养料，空气相对湿度低于 70% 可减少杂菌污染。子实体在 87%~95% 的空气相对湿度下生长良好，在低温（6~7℃）和干燥条件下，菌盖表面易龟裂。

（3）**空气**　白灵菇属于好氧性菌类，菌丝体和子实体发育均要求有足够的氧气，发菌室和出菇场均要求空气新鲜。尤其是子实体形成时，代谢旺盛，呼吸作用强，对氧气的需求量大，通风不良时子实体生长缓慢或变黄。

（4）**光照**　菌丝生长不需要光照，黑暗条件下生长良好。菇蕾分化需要散射光，在 200~500 勒光照下子实体发育正常。光照弱，易形成柄细长、菌盖小的畸形菇；直射光和完全黑暗时均不易形成子实体。

（5）**酸碱度**　菌丝在 pH 为 5~11 的基质中均可生长，以 pH 为 6.5~7.5 为佳。若气温偏高，可加 0.5% 石灰水，以防培养料酸败。

二、选择适宜的栽培季节和栽培场所

1. 栽培季节

合理安排栽培季节是优质高产的关键，适宜出菇温度为 10~20℃，可安排冬季和春季出菇。

（1）**冬季出菇**　6 月下旬~8 月中旬制备栽培种，8 月初~9 月中旬即可连续种植，12 月上旬即可出菇。

（2）**春季出菇**　8~9 月制备栽培种，9~10 月种植，第二年 1 月中旬~3 月底出菇。

2. 栽培场所

（1）**塑料大棚**　南北走向、东西走向均可，具备通风装置，能遮光、保温、保湿，以宽 6~9 米、长 30~60 米为宜（图 9-4）。

图 9-4　白灵菇塑料大棚栽培

【提示】

　　低温期大棚升帘后，菌袋上应覆盖纸被等遮阳物，也可视外界温度及棚内温度升部分草帘调节。

　　（2）日光温室　依据地势坐北朝南稍偏东，具备通风装置，能遮光、增温、保温、保湿，以宽 7~9 米、长 30~60 米为宜（图 9-5）。

　　（3）控温出菇房　设施化、工厂化生产专用菇房，墙体设计采用保温材料，内设网格或出菇架，配备加热、制冷一体化机组和照明、加湿、通风等自动控制设备，具有控温、增湿、通风、光照等多种调控功能，生产不受季节限制。

图 9-5　白灵菇日光温室栽培

三、因地制宜选择栽培配方和栽培方式

1. 栽培配方

　　1）杂木屑 78%，麸皮 20%，糖 1%，石灰 1%。

　　2）杂木屑 68%，棉籽壳 10%，麸皮 20%，糖 1%，石灰 1%。

　　3）棉籽壳 78%，麸皮 20%，石膏或石灰 1%，糖 1%。

　　4）棉籽壳 90%，麸皮或米糠 5%，玉米粉 3%，石膏 1%，过磷酸钙 1%。

　　5）玉米芯 55%，棉籽壳 15%，麸皮或米糠 25%，玉米粉 3%，石膏 1%，石灰 1%。

6）棉籽壳 40%，木屑 33%，麸皮或米糠 25%，石膏 1%，石灰 1%。

7）玉米芯 40%，锯末 20%，棉籽壳 15%，麸皮 15%，豆粕 5%，玉米粉 3%，石灰 1%，石膏 1%。

8）棉籽壳 90%，玉米粉 7%，石灰 2%，石膏 1%。

玉米芯必须干燥、无霉变，粉碎成 0.2~0.5 厘米大小的颗粒；棉籽壳要求颗粒松散，色泽正常，无虫害、无异味、无混杂物；木屑要求新鲜、干燥、无异味，没有混入有毒有害物质。

【提示】

　　棉籽壳为主料，菌丝长势强，出菇快，品质较好，表现为子实体大，菌肉厚，产量高；其次是棉籽壳、玉米芯和木屑的混合料配方，菌丝生长较快，表现为子实体中等，菌肉硬度大，产量也较高；纯木屑或玉米芯为栽培主料，菌丝生长速度较慢，出菇较晚，生物转化率也较低。

2. 栽培方式

（1）袋栽　一般选用规格为（17~18）厘米 ×（35~38）厘米，厚度为 0.005~0.006 厘米的聚丙烯高压或聚乙烯常压塑料袋。计划采用枝条菌种时，装袋时应选用能够预留接种孔的装袋机或人工打孔。

枝条菌种制作：枝条多选用杨树和桐树等阔叶树树种，利用切条机将木材切成直径约 1 厘米、长 14~16 厘米的枝条。将枝条浸入 1% 石灰水中浸泡 48 小时后即可捞出，沥水装袋。菌种袋一般采用规格 18 厘米 × 35 厘米，厚度为 0.005~0.006 厘米的一端封口的聚丙烯或聚乙烯塑料袋，装袋时首先将枝条与拌好的辅料充分拌匀，使枝条上沾有部分辅料（棉籽壳 68%、麸皮 30%、石膏 1%、石灰 1%，含水量为 65% 左右），然后将所有枝条整理工整后装入底部垫有少许辅料的菌袋一端，菌袋一端空隙部分用辅料填实，枝条表面应留少量辅料，菌袋装好后用套环封口即可。

（2）瓶栽　采用瓶装容量为 750~800 毫升的塑料瓶装料，中心打孔，封盖（滤气瓶盖）。瓶栽一般用于工厂化或控温出菇房出菇（图 9-6）。

图 9-6　白灵菇瓶栽

液体菌种培养基配方及制作：①玉米粉 3%，蔗糖 3%，蛋白胨 0.5%，磷酸二氢钾 0.1%，硫酸镁 0.05%，维生素 $B_1$0.001%。②豆饼粉 1%，玉米粉 2%，葡萄糖 2%，酵母膏 0.2%，磷酸二氢钾 0.1%，硫酸镁 0.1%。③玉米粉 3%，葡萄糖 1.5%，蛋白胨 0.3%，豆饼粉 2%，磷酸二氢钾 0.1%，硫酸镁 0.1%。培养温度为 26℃，培养时间为 5 天，摇床转速为 150 转 / 分钟，接种量为 8%~10%。

四、制作优质菌棒

1. 菌袋（瓶）彻底灭菌

常规方式拌料、装袋（瓶）（图9-7）后立即灭菌。高压灭菌时，0.14 兆帕维持 1.5~3 小时；常压灭菌时，灭菌仓温度 4 小时内达到 100℃并保持 8~10 小时。灭菌结束后，料袋整筐出锅运至经消毒过的冷却室冷却，待料温降至 28℃以下接种。

2. 发菌管理

（1）发菌培养　提前将发菌室彻底清洁消毒。控制室内温度为 18~22℃，菌袋内温度为 22~25℃，空气相对湿度为 60%~70%，保持空气新鲜，避光培养。接种后 4~7 天，及时检查菌袋污染情况，发现污染菌袋，及时清理出发菌室，以后每周检查一次。培养期间温度一旦超过

图 9-7　白灵菇菌袋制作

28℃，要及时通过通风、降层或起动制冷机等措施降温。气温至 20℃以下时，可通过人工增温或增加菌袋摆放层数等措施，适当增加菌袋温度。整个发菌期间要经常通风换气，保证发菌场所空气新鲜。最适条件下，一般培养 30~40 天菌丝即可发满袋。

【提示】

接种后菌袋运入发菌室或日光温室发菌，装卸、搬运、摆放菌袋时要轻拿轻放。立式摆放，有利于菌种与料面接触；根据季节和气温高低决定摆放层数，一般为 4~6 层，气温高时层与层之间要留一定空隙以利于通风降温（图9-8）。

（2）后熟管理

1）自然后熟。菌丝长满袋后不能立即出菇，此时菌袋松软，菌丝稀疏；须在 20~25℃、空气相对湿度为 70% 以下经过 20~30 天的后熟，以达到生理成熟。菌丝生理成熟后才能正常出菇，后熟期间，注意培养基含水量，不要打开袋口。后熟期培养应有一定光照刺激，以促进菌丝扭结。

图 9-8　菌袋发菌管理

2）冷库刺激。先将温度调至 25~30℃，使其菌丝长满菌袋；然后将菌袋移入低温冷库，在 0~10℃ 环境中维持 15 天左右，菌丝体在相对不适条件下形成自我保护，从而加速其生长发育过程。当菌袋色泽比放入冷库前更加洁白、敲击时发出空心声、手感硬度较高且弹性较强时，即可将其移出冷库置入出菇场所。

3. 生理成熟期管理

菌袋生理成熟标志是菌丝洁白、粗壮、浓密，有少量薄菌皮；菌袋两端或菌袋不同位置有浅黄色水珠分泌；有效积温时间不少于 1600℃；时间不少于 60 天；菌袋硬实，手拿有质轻感，拍打有空心声。

【提示】

此期应防止菌丝徒长。菌丝徒长表现为发菌期菌丝持续生长，浓密成团，结成菌块，形成一层又白又厚的菌皮，过多消耗培养料内的水分和养分，影响菌丝正常呼吸作用，妨碍子实体原基分化和生长，难以形成子实体。菌丝徒长原因：①培养料内营养过于丰富，添加营养成分过量。②发菌期温度过高，缺少温差刺激，菌丝难以由营养生长向生殖生长转化。③选用菌种温型不对，或菌种自身问题。防控措施：①降温增湿，增大菇房温差，以抑制菌丝生长，促进子实体分化。②菌皮过厚的，用刀片纵横划破菌皮，喷重水，并加大通风量，有利于子实体形成。

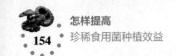

4. 搔菌

解开袋口搔菌，厚度为 0.1~0.2 厘米，面积为 2~4 厘米²，搔菌后将袋口旋转至微封闭状态。温度为 15℃，空气相对湿度为 80%~90%，保持弱光培养，一般搔菌后 3~5 天，料面便会有茸毛状菌丝出现，即可进行催蕾管理。

【提示】

菌丝体在固体培养基中培养至生理成熟所需活动积温为 6.175℃/克，有效积温为 4.850℃/克；催蕾所需活动积温为 1.1925℃/克；有效积温为 0.6175℃/克；菇蕾发育至成熟子实体所需活动积温为 1.325℃/克，有效积温为 0.925℃/克。

5. 催蕾

（1）低温催蕾　生理成熟完成后，再经过 0~10℃低温刺激 7~10 天；然后昼夜温差 10℃以上刺激 10~15 天，直至料面形成米状原基；然后调控温度在 10~15℃，空气相对湿度控制在 85%~90%，散射光照射，待菇蕾长至绿豆大小时即可完全打开或卷起袋口。

（2）控温出菇房催蕾　控制出菇房温度 1~3℃左右，低温冷刺激 7 天；然后温度控制在 10~16℃，空气相对湿度控制在 70%~80%，光照控制在 100~300 勒，二氧化碳含量控制在 0.2%~0.25%，催蕾 10~13 天后原基即可形成，待菇蕾长至绿豆大小时即可完全打开袋口或卷起袋口。

五、选择适宜的出菇方式及出菇精细管理

1. 出菇方式

（1）立体两端出菇　菌丝长满菌袋并后熟后，要分批进行出菇管理，在出菇房内码成菌墙，解开两端扎绳。一般顺码堆放，堆 4~6 层；也可用直立架摆出菇（长 100 米、宽 6 米的日光温室可放 3.5 万个菌袋）。

【提示】

该方法方便管理，如喷水、解口、疏蕾、采收都很方便，塑料大棚生产多采用这种方法。大棚内温度为 8~20℃，晚上揭开薄膜和草苫以低温刺激，白天以散射光刺激。

（2）**菌墙覆土出菇**　采取"头顶头、一端出菇"方式，两排菌垛间要留 15 厘米左右的间隙用来填土，层与层之间的填土厚度不少于 5 厘米，以防止菌墙内温度过高造成烧菌（图 9-9）。覆土用 1% 磷肥、0.2% 磷酸二氢钾、0.1% 尿素和无菌土配制，尿素不可过多，禁止施硝基复合肥，以防菌丝游离氨中毒。菌墙垒好后要及时补水，补水不宜过多，否则会淹死菌丝，造成退菌；也不宜过少，否则菌丝易萎缩，造成老化。

（3）**层架单头出菇**　出菇房内摆放有层架，层架的层与层间隔 0.5 米，一般设 5~6 层，层架行距为 80 厘米，每层放菌袋 2~3 层，出菇面朝外（图 9-10）。

图 9-9　白灵菇菌墙覆土出菇

图 9-10　白灵菇层架单头出菇

【提示】

目前反季节冷房生产多采用这种方式，该方法可以充分利用空间，单位体积投料量大，便于集约化生产。

（4）**覆土出菇**　将发好菌的长菌棒一切为二，短菌棒直接覆土，畦深 20 厘米，用水灌透，将菌棒接种的一面向上排入畦中，覆一薄层湿润的菜园土，厚 1~2 厘米，采用前述方法催蕾出菇（图 9-11）。

图 9-11　白灵菇覆土出菇

【提示】

该方法生产的子实体个大、产量高、保鲜期长，能比常规栽培产量高出1倍，但应注意以下问题。

1）应先催蕾再覆土。等到菌袋两端及中间有米粒状小白点出现，可进行覆土，这个过程一般维持15天左右。经过这样处理，出菇整齐而且速度快，个体均匀美观。

2）菌袋中间要预留约5厘米以上的空隙，用土将空隙填满，并用水灌透，不留空隙。好处是现蕾均匀，由于各个菌袋被土壤严密分隔开，可以防止感染杂菌的菌袋将杂菌传染给健康菌袋，在温度较高时更应注意。

3）温度高时出菇，通风必须良好，否则易因通气不良而形成病害，引发菇体黄烂，后果严重。此时若湿度不够，可采取向畦中灌水及空气中喷雾的办法，一方面可增加菇棚湿度，另一方面还可降低菇棚温度。

4）覆土时，应将感染杂菌的料袋拣出，单独处理，不可鱼龙混杂，引起杂菌蔓延。

5）覆土不宜太厚，以略微盖住菌袋为宜，否则易造成出菇困难，影响产量及品质。

2. 出菇精细管理

（1）疏蕾　白灵菇幼蕾出现优势菇的情况下，可不疏蕾；优势菇不明显时，菇蕾长至5厘米大小，要及时疏蕾，一般每袋保留1~2个健壮菇蕾（图9-12）。

【提示】

应及时疏蕾，不可任其生长，否则会造成菇片生长过密，互相挤压，严重影响其商品性。

（2）环境调控

1）温度控制。菇蕾形成后，温度控制在12~15℃，当温度超过18℃，在阳光直射的地方加盖草帘或遮阳网等降温；当温度低于8℃时，则要做好保温工作（图9-13~图9-15）。

图 9-12　白灵菇疏蕾

图 9-13　白灵菇垛式出菇

图 9-14　白灵菇覆土出菇

图 9-15　白灵菇泥墙式出菇

2）湿度控制。土壤相对湿度应保持在 35%~45%，空气相对湿度保持在 80%~90%。喷水时，注意不要喷在菇体上，喷水原则是早晚喷、少量喷。可通过增加腐殖质厚度来增加覆土材料的保水性，可通过覆盖树叶等预防雨量过多。

3）光照控制。应控制为 100~300 勒的散射光。一般秋季播种出菇期较长，可延续到 12 月初，如果秋季没有出完，到第二年 4 月初，仍会继续出菇，直到养分耗尽。

六、及时采收和保鲜

1. 采收

冬季低温季节从幼菇到采收一般为 10~15 天。当菌褶平展，菌盖充分伸展并保持边缘内卷，孢子尚未弹射时采收。采收时尽量戴一次性手套，避免在子实体上留下指纹，影响商品性状。

2. 采后处理

（1）产品处理　采收后，要及时削去菌柄所带的培养料，根据菇形

及大小分装，整齐码入专用塑料袋或
泡沫箱（图9-16），冷链运输，尽快上
市。白灵菇以鲜销最好，也可加工成
罐头、干切片等。

（2）出菇房和料面处理　采收
后清理料面和出菇房，菌袋可低温
越冬（夏）贮藏，气温适宜时可再次
出菇。

图9-16　白灵菇保鲜包装

【提示】

因气温关系，一般大棚、温室栽培只能采收第一潮，生物学效
率可达 50%~80%，最高可达 100%，第二潮出菇较少。

3. 产品保鲜

子实体采收 4~6 天后，菌褶会变褐，风味变劣，水分大量散失，商
品价值降低。贮藏最适温度为 −0.5~0.5℃，温度过高会加快色变或衰败
甚至腐烂；温度过低则会造成冷害或冻害。贮藏环境的空气相对湿度为
95%~100%。

【注意】

用白色包装纸过度包装，不仅会损害消费者经济利益，因包装
纸中常常添加荧光增白剂，还会污染菇体，食用后有害健康。建议
采用厚度为 0.01 毫米的 PE（聚乙烯）保鲜膜，由于其二氧化碳和
氧气透过率比达 3 : 1，具有较高透湿性，保鲜期比纸包装延长 3 天
以上。

七、提前预防出菇不良常见问题

1. 不能正常出菇

（1）接种时间延误　菌丝发育缓慢，生理不成熟，无法转入生殖生
长。生理成熟时，气温已升高，造成整批菌袋不出菇。

（2）配方不合理　导致发菌不正常，如果养分积蓄不能满足营养生
长，很难出菇。

（3）发菌期翻堆不及时　菌丝严重缺氧，导致袋温、室温骤增，造

成底层菌袋烧菌,严重影响出菇。翻堆次数太少,菌袋受光触氧不匀,造成出菇不一致。

(4)后熟培养不当 菌丝满袋后需要后熟,若此时开口喷水,会使出菇延迟;如果后熟期室内湿度太低,后熟时间延长,导致出菇期推迟;有的室内光照直射菌袋,造成菌袋内水分蒸发,菌丝体增厚,养分消耗,影响后熟。

(5)低温刺激不到位 生理成熟后,还需要0~13℃的低温和变温刺激,促使原基形成,分化菇蕾。有的菌袋成熟后,没及时进棚,留在室内恒温培养,延误了出菇期;有的菌袋进棚码垛后,自然气温已达到0℃,虽能满足低温刺激,但为了创造温差,采取无限时蒸气加温,使垛内菌温聚集烧菌,结果成批不长菇。

2. 乱现蕾

防止白灵菇乱现蕾有以下4个措施。

(1)菌袋装料要规范 尽量将料袋装匀、装紧,不留空隙,尤其是手工装袋更要严格把关。

(2)菌丝后熟要充分 发菌阶段保持避光培养,温度相对恒定,初步发菌完成后保持原条件继续后熟培养。后熟期间不能突见强光,不能移动菌袋,直至完成现蕾前所有准备。

(3)保持偏低的温度 棚温保持在4~15℃,最适温度为8~12℃。棚温高于16℃,菌袋两端的出菇能力会受温度影响而降低。

(4)棚室湿度要均衡 打开袋口后菇棚空气相对湿度保持在80%~95%。如果空气相对湿度低于70%,两端出菇部位的基料表面很快失水,导致现蕾困难,充分成熟的菌丝必将从其他部位出菇。

3. 菌盖发育不全

【症状表现】 子实体在生长过程中因温度、通风等因素使菌盖发育不完全,外形呈条状、球状等形状。

【发生原因】 ①白灵菇属低温出菇型菌类,出菇期温度要求偏低。但是,当子实体原基形成后,气温长时间低于5℃时会出现菌盖不分化的畸形菇。②通风不良,菇房缺氧,会导致白灵菇子实体菌盖的分化缺陷。

【防控措施】 ①加强菇房管理,通过加温、保温等措施,人为创造10℃左右的温度环境,避免畸形菇发生。②精细管理,统筹协调菇房内

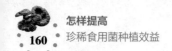

温度、湿度、光照和通风工作，在保证菇房内温度适宜的前提下，尽量加大通风，保持空气新鲜。

4. 长柄菇

【症状表现】 子实体分化和发育不协调，柄长，菌盖不发育或发育不良，菇形长柄高脚。

【发生原因】 ①菇房通风不良，室内缺氧，二氧化碳含量过高。②光照不足、温度偏高。

【防控措施】 ①加大通风，保持空气新鲜。②适当增加散射光或人工补光至100勒以上，降低温度。

5. 菇体萎缩

【症状表现】 子实体分化后，幼菇逐渐停止生长，变黄萎缩，枯死或腐烂。

【发生原因】 ①形成原基过多，营养供应不足，导致部分小菇蕾死亡。②高温高湿，菇房通风不良，二氧化碳含量过高，导致幼菇闷死。③施用农药引起药害，导致幼菇萎缩死亡。

【防控措施】 科学调控菇棚内温度、湿度，增加散射光或人工补光，并强化通风管理，保持菇房空气清新。

6. 细菌性腐烂病

【症状表现】 侵染初期呈黄褐色，针头大小，扩大后直径可达3~4毫米，边缘整齐，中间凹陷，单个菌盖可有数十个病斑，湿度较大时，病斑表面可形成一层菌脓，干燥后变成菌膜，严重影响商业价值。

【防控措施】 喷洒用水要洁净，洒水后注意通风，保持场地清洁卫生。一旦发病，及时摘除病菇，减少或停止喷水，降低菇房空气湿度，使用1%的漂白粉水或3%的石灰水喷洒病变区域，也可按要求使用链霉素、金霉素、庆大霉素等，交替使用可有效避免细菌抗药性。

7. 农药中毒

【症状表现】 子实体受害后，会全部变软，呈水渍状死亡。

【发生原因】 从原基形成到子实体生长期间，对敌敌畏都特别敏感。当菇房内喷洒敌敌畏或用棉球、布条蘸敌敌畏药液熏杀害虫时，都会发生药害。

【防控措施】 ①子实体原基一旦形成，应避免使用敌敌畏直接防治虫害，可以改用植物性杀虫剂，如高效低毒的氯氰菊酯杀虫剂，最好采用黑光灯诱杀。②如果其他杀虫剂使用效果欠佳，必须使用敌敌畏时，可选择在1潮菇结束后间歇养菌期使用，要控制药量，并注意通风。③该病一旦发生，要立即摘除畸形菇，减少养分消耗；加大通风量，进行降湿处理，延缓转潮菇的发生速度；再用2%的石灰水喷洒2~3次，然后增湿，恢复正常管理。

第十章
提高桑黄栽培效益

第一节　桑黄栽培概况和常见误区

桑黄（*Phellinus linteus*）是担子菌亚门层菌纲多孔菌目针层孔菌属的白腐真菌，又名桑臣、桑耳、桑寄生、桑黄菇、树眼、胡孙眼，是一种珍稀名贵的多年生药用真菌，有"森林黄金"之称（彩图12）。桑黄呈蛋黄色，寄生于野生老桑树枯木上的野生桑黄，数量极为有限，是桑黄中的极品。

桑黄是一种传统药材，有如果得到附生于桑树上黄色疙瘩（桑黄），死人也可复活的传说。民间把它作为一种治疗肝病、癌症等病的良药。最早在《本草纲目》中记载桑黄子实体入药，能利五脏、软坚、排毒、止血、活血等。据《药性论》记载，桑黄味微苦，性寒，在我国传统中药中用于治疗痢疾、盗汗、血崩、血淋、肌腹涩痛、肛脱泻血、带下等症。在《药性本草》中记载，治女子崩中带下，月闭血凝，男子玄癖等症。《神农本草经》将桑黄描述成"久服轻身、不老延年"，还有解毒、提高消化系统机能的作用。

桑黄在日本及韩国的地位有如中国的冬虫夏草。桑黄的抗癌功能最早被日本学者发现，他们研究发现桑黄水提物可诱导癌细胞进入细胞程序死亡，此外桑黄还有很强的抑制癌细胞转移作用。桑黄具有抗氧化、抗炎、降血糖、抗胃溃疡、抗菌等多种作用，在近期研究中，桑黄在肿瘤的预防和治疗方面显示出极强的作用，使得桑黄成为开发新一代抗癌药物的热点，很有希望开发成一种新的抗肿瘤药物。

日本一家专门从事生物药剂加工的企业津村株式会社将人工栽培的桑黄子实体加工成"破壁细胞超微粉末"，然后制成桑黄粉末胶囊，每瓶（288粒）售价高达3万日元（约1436元人民币）。在韩国桑黄子实体一直作为灵丹妙药出售，其提取物干粉在韩国的市场价高达每克2000美元（约144000元人民币）。我国吉林延吉凭借独有的地域优势，现已开发出复合桑黄口服液，主要销往日本及韩国，在当地也有一定的消费市场。

一、栽培概况

子实体为木质、无柄、侧生，菌盖呈扁半球形、马蹄形或不规则形，菌盖球长径为3~21厘米，短径为2~12厘米，厚1.5~10厘米，颜色鲜黄是其一大特点。天然桑黄的数量原本就很少，又是多年生，较大型子实体需要5~10年才长成，大型子实体成长期达几十年，在国外主要分布于朝鲜、韩国、日本、俄罗斯、菲律宾、澳大利亚及北美等地。国内已证实的野生桑黄产地有西藏、四川、云南、山东、河南、吉林、甘肃、陕西、湖北、湖南、江西、浙江和台湾，野生桑黄仅生长在桑属植物树干上。

随着人们对桑黄的认识和了解不断深入和大量消费者的迫切需求，我国对桑黄等药用菌的需求，每年都呈快速上升趋势。另外，桑黄是目前国际上公认的抗癌效果较好的药用菌之一，随着日本、韩国等对桑黄的大量栽培和研究，并有相关科研成果拓展其功效，桑黄的消费潜力会得到激发（图10-1）。

图10-1　桑黄产品

韩国、日本等东亚国家虽然对桑黄开发较早，采用室外荫棚段木埋畦等方式栽培获得了一定的经济效益，但这些国家误将裂蹄纤孔菌、火木层孔菌等当作桑黄品种开展研究和生产。我国真菌学专家已初步确立国内的桑黄孔菌属并取得共识，在桑黄孔菌属初步确立的情况下开展栽培、优良品种选育、人工栽培技术研究，有助于开拓桑黄孔菌属菌类的市场及保证其研究和开发应用的可持续发展。

桑黄寄生于桑树、杨树、松树、白桦树等不同树种，其形状、颜色及含有的成分和药用价值也不同。一般认为寄生于桑树的桑黄才是正品，野生桑黄极为稀少，远远不能满足市场需求，因此人工栽培桑树桑

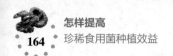
黄具有广阔的市场前景，进行适宜桑树桑黄菌种筛选及人工繁育技术研究，对桑树桑黄规模化和产业化十分重要。

【提示】

桑黄及相近种类往往具有与其寄生树木的专一性，如 *I.baumii* 长在丁香属植物上，*I.lonicericola* 长在忍冬属植物上，*I.lonicerinus* 也长在忍冬属植物上，*I.sanghuang* 长在桑属植物上，*I.vaninii* 长在杨属植物上，*I.weigelae* 长在锦带花属植物上。

在韩国，企业采用室外荫棚段木栽培桑黄取得成功（图10-2），桑黄的人工栽培研究在日本也已取得成功，并进行了产业化生产。我国桑黄的栽培基本上有两种模式，一种是段木栽植，选取桑树、栎树等杂木分段、消毒、接种、发菌，最后到出菇，存在生长缓慢、产量不高、采收期不明确等问题。另一种是人工代料栽培，配方以桑树木屑为主，木屑含量达到70%~80%，配以稻壳或棉籽壳，加入玉米粉或麸皮，适当加入一定量的蔗糖和石灰等。

图 10-2 桑黄段木栽培

二、常见误区

1. 桑黄种类多，认识不清

野生桑黄子实体生长缓慢，长至成形需2~3年，较大型的需5~10年，大型的需数十年。人工栽培有树干或代料方式，代料栽培长出子实体较快，但外观不典型且质地较软；树干栽培的子实体，外观较接近野生桑黄，但生长缓慢。桑树桑黄子实体栽培困难，相对容易栽培的是杨树桑黄。目前市场上所谓的桑黄子实体，几乎都是杨树桑黄，并非桑树桑黄，而且栽培树种也大多不是桑树。虽然杨树桑黄的有效成分及功效不如桑黄，水煮的口感风味及耐煮性也远不如桑黄，仍然具有一定的保健效果，也是市面上贩卖桑黄的主要种类，作为药用真菌，仍然值得肯定。

桑黄因寄生树种不同，其形状、颜色及含有的成分也不同。目前，市场上有桑树桑黄、杨树桑黄、暴马桑黄、锦带花桑黄、松树桑黄、桦树桑黄、漆树桑黄等。桑树桑黄子实体的多糖、总酚类化合物与黄酮、三萜类含量及自由基清除能力、抗发炎活性能力、抑制癌细胞效果比其他桑黄要好，以10年生桑树桑黄最佳。桑黄无法成为中药汉方中稳定的一味，并非功效不彰，只因桑黄的种类难以区分，假多真少。

需要指出的是，一旦桑树死亡后，桑黄的长势也会不佳，可见桑黄依赖活桑树生长，这也说明了采用段木及代料栽培桑黄具有一定的困难。

【提示】

杨树桑黄的简易识别特征是子实体背面周缘有一个明显黄色宽带，质量较桑树桑黄轻些，质地也较软些（彩图13）。暴马桑黄的简易识别特征是子实体形状略像贝壳，腹面微凹呈浅棕色（彩图14）。桑树桑黄及杨树桑黄的子实体腹面呈黄色或暗黄色。大孔忍冬桑黄的子实体腹面孔口较其他几种大。锦带花桑黄长在锦带花树干上，子实体较薄，腹面呈浅棕色，背面接近中央区以小面积着生于树干或树枝。桑树桑黄的背面近黑色而腹面呈黄色，硬质多孔（彩图15）。

2. 偏执于桑黄子实体栽培

目前我国对桑黄子实体栽培研究得较多，也取得了一些成功案例。由于人工大规模培养子实体的技术仍不成熟，采用液体发酵以获得大量的桑黄菌丝或子实体成为当前解决市场巨大需求的主要途径。以深层发酵生产的桑黄，几项有效成分及功效表现的试验结果并不输给子实体。桑黄发酵产品生长快速，成本降低，质量稳定，效果良好，是桑黄开发应引起重视的方向。

【提示】

桑黄液体发酵培养基质的最适碳源为玉米粉，最适氮源为酵母膏。以桑黄菌丝体生物量、粗多糖和黄酮产量为指标，筛选最适固体培养基组合为玉米粉38.96克/千克、葡萄糖25克/千克、蛋白胨3.75克/千克、酵母抽提物4.15克/千克、麸皮20.55克/千克、磷酸二氢钾1.25克/千克、硫酸镁0.7克/千克。液体培养基发酵条件如下：pH为5.5~6.5，接种量为15%，装液量为100毫升/250毫升，培养温度为27~28℃，摇床培养转速为130转/分钟，培养7~8天，可获得较好的桑黄菌体产量及胞外多糖产量。

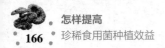

3. 桑黄产品开发不够

桑黄含有多糖与三萜类，但以含有大量的黄酮类为其特色，目前对桑黄产品的综合开发不够。桑黄使用范围多以中药、保健品及化妆品添加剂为主，桑黄子实体或菌丝体（彩图16）可直接加工成保健品（图10-3）、药品等。如果将桑黄的活性成分提取并加以适当纯化，不仅符合中药现代化的方向，也有利于药品研发与推广，更是增加了桑黄的附加值。

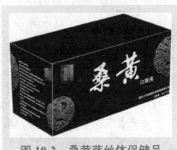

图10-3　桑黄菌丝体保健品

第二节　提高桑黄栽培效益的途径

一、掌握生长发育条件

1. 营养

桑黄是木腐菌，其营养以碳源和氮源为主，最适碳氮比为20∶1，同时辅以少量矿物质元素和维生素。栽培中桑黄菌培养料来源广泛，大多数阔叶树木屑及桑枝、杜仲枝木屑、中药材植物提取废渣，加适量的麸皮即可作为培养料。

【提示】

玉米粉是桑黄液体发酵培养基最合适的碳源，氮源采用酵母膏；也可加入桑叶或桑枝的水提物刺激，以提高桑黄菌丝体的生物量。

2. 环境

（1）温度　桑黄是高温型药用菌，菌丝在15~32℃的温度条件下均可生长，最适温度为23~25℃；子实体发育温度为18~30℃，最适出菇温度为25~28℃，温度低于15℃、高于35℃均不利于桑黄子实体生长。温度高于35℃时，子实体容易感染霉菌，产量低或生长停止；温度低于15℃时，子实体形成缓慢或不产生原基。

（2）湿度　基质适宜含水量为60%~65%；子实体生长期空间的空

气相对湿度应为 85%~95%，土壤湿度为 50%~60%，在高湿环境中极易发生病害。

（3）光照　菌丝培养阶段不需要光照，强光照会抑制菌丝生长；子实体的生长需散射光（"三分阳七分阴"，透光率为 30%~50%），最适光照强度为 300 勒。

（4）空气　菌丝生长对空气无特殊要求，但子实体形成和生长发育阶段需要充足的氧气，空间氧气不足不利于子实体原基的形成和发育。

（5）酸碱度　适宜菌丝生长的 pH 为 5.5~6.5。

二、提高桑黄段木栽培效益

1. 菌种准备

（1）母种配方　葡萄糖 20 克，蛋白胨 5 克，磷酸二氢钾 3 克，硫酸镁 1.5 克，琼脂 24 克，水 1000 毫升，pH 自然。

【提示】

固体培养可以从菌丝或孢子开始，与大多数食药用菌的差别是生长缓慢。桑黄菌丝在生长时呈毯状或放线状，年轻、健康的初生菌丝呈米白色，中央逐渐变成浅黄色；衰老时培养皿中央菌丝呈黄褐色，相对年轻的边缘菌丝呈浅黄色。

（2）原种配方　①木屑 77%，麸皮 15%，玉米粉 5%，五维葡萄糖 1%，磷酸二氢钾 1%，石膏 1%。含水量为 65%，pH 自然。②桑树木屑 78%，稻壳 20%，石膏 2%。含水量为 55%。

（3）栽培种配方　①木屑 80%，麸皮 18%，五维葡萄糖 1%，石膏 1%。含水量为 65%，pH 自然。②桑树木屑 78%，稻壳 2%，玉米粉 18%，蔗糖 1%，石灰 1%。含水量为 60%~62%，pH 自然。③桑枝木屑 40%，栎木木屑 40%，麸皮 18%，石灰 1%，石膏 1%。含水量为 60%，pH 自然。

2. 段木选择和处理

（1）选择　选择常见的桑树为栽培原料，树龄 6~10 年。目前桑黄的人工栽培原料主要以段木为主，国家已禁止砍伐树木作为食用菌生产原料，利用一些杂木乃至枝条等作生产原料是推广的重点。同时，野生桑黄以桑树上生长的品质为佳，市场接受程度也较高。

【提示】

一般要在树叶已落、树木处于休眠期，即冬季砍伐最为适宜。此时树木中积累的蛋白质、淀粉及糖类等营养物质最为丰富，而且其形成层停止活动，韧皮部与木栓部贴合得很紧密，树木不易脱皮，正适合砍伐作为段木。

（2）处理　选择直径为 4~8 厘米的桑树、桦树、柞木的枝干，截为长 20 厘米左右的木段使用，劈成两半，再将劈开的短木段捆拼成直径为 15 厘米的段木捆（有树结的地方易长杂菌）；太细的段木及树枝、树杈等可以集束绑成直径为 25 厘米左右的树枝把，长 25~35 厘米，虽然效果不如单木，从资源利用角度还是不错的。

【提示】

使用前将木段投入营养水中泡透，营养水配方为蔗糖 6 千克、复合肥 5 千克、麸皮 20 千克、石灰粉 2 千克、水 1000 千克。

3. 装袋

可选用聚丙烯或聚乙烯高压筒袋，装料时将粗木段直接装入高压塑料袋中，木段的两端填充厚 3 厘米左右的培养基，这样既利于发菌，又可避免木段断面的木刺刺破菌种袋。培养基的配方如下：

1）木屑 50%，桑皮 10%，棉籽壳 30%，麸皮 8%，糖、石膏各 1%。

2）桑枝（长为 18~20 厘米的木段，一般每袋中放 5~6 根，直径为 15 厘米左右，视木段的粗细确定，木段较细的则扎成一捆），培养基适量。

培养基拌好料后装袋，扎好袋口，同时将段木袋捆扎两道，使段木与塑料袋贴合得较为紧密。树枝把的装袋不好操作，可以利用塑膜包扎，效果相同，只是封口材料需多制备 30% 左右，同样从两端可以打开接种及出菇。

4. 蒸料灭菌

装好袋的木段应及时灭菌。一般采用常压蒸汽湿热灭菌器灭菌，先将灭菌器内加足水，再将段木袋倒放于灭菌器中，常规灭菌，4~5 小时灭菌器内温度升到 100℃，停止加温，保温灭菌 8~10 小时。待灭菌器内温度自然降至 70℃以下再出锅。

5. 适时接种

灭菌后的段木袋温度降至 30℃ 以下便可接种。可采用无菌室、无菌箱、离子风接种器或超净工作台接种。采用两端接种，接种量要求在 20% 左右，以菌种封盖料面为度。由于段木袋较粗大，接种时最好是两人合作，即一人解开袋口绳，打开袋口，另一人将已备好的桑黄栽培种迅速撒入段木表面（尽量使菌种分布均匀），接入菌种后立即封口，重新扎好袋口，待全部接种完毕再移入培养室内，放置在培养架上培养。如无培养架，也可在地面垫上砖之后再按"井"字形摆放，堆高 3~5 层为宜。

【提示】

培养架长 2.5 米、宽 1 米，搭 3~4 层，层距为 40 厘米，底层距地面 15~20 厘米，每个出菇架每层纵向隔 30 厘米加横担，后架上搭木板或电镀丝网，架子间留宽 1~1.2 米的走道，操作方便，室内悬挂干湿温度计。

6. 发菌培养

发菌培养阶段，保持适宜的温度至关重要。培养室的温度要求保持在 24~26℃，空气相对湿度控制在 60%~65%，适当通风换气，保持室内空气新鲜，遮光培养（图 10-4）。在发菌过程中，每隔 10 天左右翻堆 1 次，翻堆时将段木袋上下、内外调换位置。翻堆的目的一是观察桑黄菌丝生长情况，如果发现污染应及时采取措施。二是通风调温，保持上下、内外发菌一致。在适宜的条件下，培养 45~60 天后黄色的桑黄菌丝可长满木段，达到生理成熟（图 10-5）。

图 10-4 段木发菌培养

图 10-5 发菌后的段木

【提示】

　　菌袋内出现指状凸起或如灵芝蕾期的瘤状原基时，说明此时菌丝成熟，进入生殖生长阶段，应立即将菌袋移至出菇室（棚），袋间距为10厘米，单层排架，在原基发生点切破塑膜，以使子实体能够顺利长出为准；对于较大的原基，可切割长3厘米左右的切口并切除一块半圆形塑膜。

7. 段木出菇前期准备

　　搭好栽培拱棚，挖好蓄水池，定时喷水，拱棚覆盖遮阳网2~3层。预留出方便通风的通风口，暂时将其关闭，栽培后期需要加大通气量时启用。棚内做畦，畦略高于喷水过道。根据棚的大小和栽培量确定畦的数量和宽度。预留20厘米摆放间隙。畦面用砂石铺垫便于滤水。做畦时，中间略高于两边。

【提示】

　　目前，国内桑黄栽培方式有室外荫棚段木埋畦栽培、荫棚立式栽培和室内层架式栽培（图10-6）。推荐使用室内层架式栽培，环境相对易控，空间利用率高，不易造成污染。

　　栽培棚准备好后，要将栽培室清扫干净，用5%的石灰水喷洒地面，每隔2天消毒1次，通风换气。3次消毒后，待室内无异味时才可移进菌段，进行环境适应。人工段木栽培桑黄的出菇期在4月下旬~5月上旬，甚至更晚。当菌段已布满黄色菌丝体，并可见有深黄色的瘤状突起物时，便进入出菇期。

图10-6　桑黄段木室内层架式栽培

8. 出菇方式

　　（1）菌墙出菇　可将塑料袋两端的袋口打开，采取墙式栽培法摆放

于栽培室或塑料保温栽培棚内；先在地面铺垫 1
层砖，再将菌木段摆在砖上码成菌木段墙，堆
5~6 层（高 70~80 厘米），两行菌木段墙之间留
70 厘米宽的作业道。这种墙式码堆法，菌木段
可以两端出菇，产量高，便于管理。

（2）立式出菇　进棚 2 天后，在菌段上切
割环形切口，长 15~20 厘米、宽 1~1.5 厘米为宜。
摆放时，菌木段底端脱袋，立于畦内（图 10-7）。
切口下端尽可能保证与菌皮不脱离，这样可以保
证喷水过程中袋切口下端不会积水，起到保护菌
段的作用。

图 10-7　立式出菇

【提示】

　　菌丝发满约 2/3 菌木段时就可入棚覆土，大棚内菌棒呈"品"
字形或正方形埋在处理好的土中，一半埋在土中，一半露在土面
上，菌袋可采用全脱袋或环割两种方式。全脱袋栽培时需先在地面
做栽培床，一般 6 米宽的大棚可做 3 厢床，中间的床宽 2 米，两边
的床各宽 1.2 米，床之间留宽 60 厘米的作业道，棚两边各留宽 20
厘米的排水沟，棚上覆盖塑料薄膜（12 丝）和 2 层遮阳网（或草帘）
遮阳。环割栽培先按深 6 厘米、株行距为 10 厘米 ×10 厘米挖坑，
再在菌袋的一端距袋底 6 厘米处环切，脱掉袋底，立木放于坑中，
培上砂质土，然后再用刀片将菌袋环划 2 刀（以割透塑料膜为度），
只划出 2 道出菇口（缝）。环割栽培更利于保湿（图 10-8）。

图 10-8　菌袋覆土

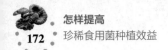
9. 栽培管理

（1）**温度管理**　白天温度要控制在 25~28℃，最高不超过 31℃，否则桑黄会提前木质化而停止生长。白天温度过高时，需要加强通风并加湿降温。夜间为自然温度，一般为 18~22℃。

（2）**湿度管理**　子实体形成前，要求地面湿润（图 10-9），空气相对湿度为 85%~95%。切口处喷水时要求少喷水、轻喷水、多次喷水，每天喷水 5~7 次。子实体产生后，应适当加大喷水量，减少喷水次数，晴天多喷水，阴雨天少喷水。前期为了保证切口处湿润，需要将拱棚封闭，适当通风；后期需要加大通风量，也要保证空气相对湿度，通风后再密闭拱棚。桑黄子实体生长后，表面不光滑，呈鲜黄色、马蹄形。

图 10-9　地面湿润

一旦子实体表面颜色失去鲜黄的颜色，就说明桑黄已经停止生长。此时，就要进行越冬前的准备。

【提示】

　　湿度越低，子实体形成和成熟的时间越长，而且子实体生长不整齐，体积小、产量低。空气相对湿度低于 70% 会明显抑制子实体的形成和生长。在子实体生长发育期，除向空中喷水外，也可直接往段木上喷雾状水，以利于其生长发育。

（3）**越冬管理**　越冬前停止喷水，加固拱棚的支撑，以防冬季雪大导致拱棚倒塌。天气渐凉后，每天通风换气，不再喷水，至上冻后可以预留通风口，将棚两端封闭。下雪后，要及时将棚上的积雪扫除，以减轻积雪对棚的压力。至第二年 3 月下旬开始，可以逐渐进行地面加湿，一次加湿量不要过大，要循序渐进。当桑黄子实体重新出现鲜黄色时，进入正常的栽培管理（出黄管理，见彩图 17）。

（4）**光照管理**　用遮阳网实现散射光照射，基本可以满足桑黄在棚内对光的需求。适当的光照有利于桑黄子实体的形成和生长，在几乎黑暗条件（10 勒）下桑黄不能正常形成子实体。桑黄子实体形成期需要散射光照，强度为 1000 勒的散射光较适于子实体的形成和生长发育，但应避免阳光直射（子实体的形成会受到抑制），见图 10-10。桑黄子实体形成后，菌木段表面往往会出现大量的棕色至酱油色分泌物，应及时排出袋外，如处理不当，会造成局部污染。

图 10-10　光照管理

【提示】

　　为保持菇棚光照强度，可将出菇架间隔 1.2 米左右配置发光二极管（LED）白色光带，不再使用白炽灯等光源，间隔 4 米左右做垂直拉设，顶部可间隔 3 米左右直线拉设，不要有死角。

　　（5）**通气管理**　通气是子实体形成的重要环节，氧气不足子实体生长就会受到抑制，子实体颜色由亮黄色变成暗黄色。当栽培袋上刚出现菌芽时，早晚各通风 5 分钟；当桑黄耳芽生长时间超过 20 天后加大出菇室通风量，早晚通风 20 分钟，这样能最大限度地加快桑黄耳芽的生长，同时可保证桑黄耳芽的质量。室温过高可以采用喷雾降温或通风换气的方式降温。

　　（6）**病虫害防治**　桑黄极易发生木霉、绿霉、链孢霉等杂菌感染，因此在栽培过程中，需要灵活变通栽培管理措施，还要适当选择分解快、无残留的生物菌剂进行病虫害防治。病虫害防治主要以物理防治为主，将感染的菌段及时清除至指定地点进行单独管理或处理。用药物治虫时，喷药方式以地面喷药为主，将菌段移出，喷完药后再重新摆放。这种治虫措施在虫害严重时使用，危害轻时人工捕捉即可。

10. 采收

　　（1）**采收方法**　一般从子实体形成到成熟需 30 天以上，当菌盖不再生长，并有少量孢子散发时便进入成熟期。视子实体的紧密度、形体大小、长势等综合情况适时采收。采收前 1 周停止喷水，关闭通风口，通道地面铺上塑料薄膜，以便收集散发的孢子粉。采收时用刀从柄基部切下或轻摘，采大留小，边成熟边采收。

【提示】

子实体生长较慢，适时采收是保证产品优质、高产的重要环节。人工段木栽培的桑黄子实体呈马蹄形或扇形、木质、坚硬、单片或两三层叠生、基部较厚、边缘渐薄钝圆、菌盖呈深黄至浅咖啡色时，即可采收。

（2）采后管理　采收后，除去培养袋口的老菌皮，重新将培养袋排放于棚内，提高空气相对湿度至 85%~95%，温度保持在 28~34℃，7 天后可在原位置重新长出子实体。按照上述方法培养管理，25~30 天可采收第二潮，一般可采 3~4 潮。每 100 千克干料可生产干桑黄成品 3 千克以上。

（3）加工　目前桑黄的加工主要是干制。干制前，要将所带的培养基及树皮等杂质清除，大小分开。可采用阳光下晾晒、烘干室、烘干箱烘干等方法干燥（图 10-11）。

1）晒干。将采收清理后的桑黄单层摆在平帘上，阳光下晒干。

2）烘干。烘干室内面积为 5~6 米²，搭地炕，四周砌火墙升温，屋顶安 1 个排潮管，地炕上安放焊接的 5~6 层铁架。将桑黄摆放在纱网上，置于各层架上烘烤，起始温度为 35℃，每烘 1 小时升温 5℃，每隔 2 小时左右将纱网上下层调换位置 1 次，以促使干燥均匀，升至 60℃时，继续保温烘烤，直至烘干。

图 10-11　桑黄干品

干燥后的桑黄含水量应控制在 13%。烘干后应及时装入聚乙烯塑料袋中，外面再套上编织袋，扎好袋口，以防回潮，放在通风、干燥处贮藏或出售。

三、提高桑黄代料栽培效益

1. 栽培季节

桑黄属喜温型药用真菌，出菇温度为 25~28℃，子实体最佳生长期在春秋两季，昼夜温差刺激有利于子实体的发生和生长。

2. 栽培配方

1）棉籽壳 45%、桑树木屑 32%、麸皮 15%、玉米粉 5%，糖、磷肥和石膏各 1%。

2）桑树木屑 77%，麸皮 15%，玉米粉 5%，糖、磷肥和石膏各 1%。

3）棉籽壳 77%，麸皮 15%，玉米粉 5%，糖、磷肥和石膏各 1%。

4）桑枝木屑 40%，栎木木屑 40%，麸皮 18%，石灰 1%，石膏 1%。含水量为 65%，pH 自然。

5）栎木木屑 80%，麸皮 18%，石灰 1%，石膏 1%。含水量为 65%，pH 自然。

【提示】

在代料培养基中添加桑皮或桑枝更有利于桑黄菌丝体的出黄。

3. 拌料

拌料时，麸皮、石膏、生石灰应加入木屑中，反复干拌混合均匀，不宜一次性加水太多，应随翻拌逐步加入。培养料含水量为 60%~65%，以用手攥紧时料成团，指缝似滴不滴水为好。料拌好后即可装袋，可选用 15 厘米 ×35 厘米或 17 厘米 ×33 厘米的聚丙烯或聚乙烯筒袋，每袋装料 400~450 克。

【提示】

可采用自动装袋机，料袋扎口采用菌环和无棉盖体，盖体应紧贴培养料，无空隙，以免袋口进入空气造成杂菌感染。

4. 灭菌

拌好料，必须当天装完灭菌（图 10-12）。聚乙烯塑料袋采用常压灭菌 8~10 小时，聚丙烯塑料袋采用高压灭菌 2 小时，待料冷却到 30℃以下时移入无菌室内接种。1 瓶栽培种可接种料袋 25~35 袋。

图 10-12　菌袋灭菌

【提示】

　　在无菌条件下接种，推荐采用 3 人接种法，效率高，污染率低。将菌种袋脱离，菌种瓣成条状，按入栽培袋袋口，后将栽培袋盖子在酒精灯外焰燎一下迅速盖好。

5. 菌袋培养

　　一般在发菌室内采用恒温培养，发菌期间，室内以散射光为宜，避免强光直射。培养室温度保持 22~28℃，空气相对湿度要求为50%~60%，每天通风半小时。每周上下翻倒 1 次，一是可以平衡温度，二是经过翻动可增加袋内氧气，发菌更快。

【提示】

　　培养 35~45 天菌丝即可长满菌袋，再过 10~15 天，菌丝由白色和浅黄色转变成暗黄色时，桑黄培养袋在部分区域呈现瘤状凸起，当室外温度超过 20℃，就可以转移到出菇室出菇（图 10-13）。

6. 出菇管理

　　（1）**出菇棚建设**　桑黄棚大小要根据培养数量多少确定，树荫处、靠近水源的位置

图 10-13　菌袋培养

较适宜。栽培设施主要为塑料大棚，一般采用食用菌大棚专用的散射光薄膜（绿白膜），能够起到降温与遮阳的目的。

（2）**开口催蕾**　菌丝长满后，当颜色由浅黄色变为深黄色，进入原基分化期，可用消毒过的刀片把两端割成1元硬币大小的圆形口或在菌袋中上部以月牙形环割，以利于出黄和保湿。通过昼夜温差刺激，即白天培养温度为28℃，夜间温度设为20℃，连续处理3天，能加速子实体的发生。

（3）**出菇管理**　出黄时棚温保持在22~26℃，空气相对湿度提高到85%~95%，提供散射光（1000勒左右）和充足的氧气（图10-14和图10-15）。保持地面存有浅水层，每天向墙壁四周及空间喷水3~4次。每天上午8:00以前及下午4:00以后打开门及通风口换气，气温低时在中午12:00~14:00通风换气，通风不良易出畸形桑黄，出现畸芽要及时割掉。

图10-14　桑黄层架式出黄

图10-15　桑黄大棚出黄

7. 采收

（1）**采收时机**　当菌盖颜色由白色变成浅黄色再变成黄褐色，菌盖边缘的白色基本消失，边缘变黄，菌盖开始革质化，背面弹射出黄褐色的雾状孢子时，表明子实体已成熟，即可采收（从割口到采收一般需50天左右），见图10-16。有条件的烘干或晒干至含水量12%，装袋置于干燥的室内贮藏或出售。

（2）**转潮管理**　采收桑黄后，除去料袋口处的老菌皮，将培养袋重新排放于棚内，提高空气相对湿度至85%~95%，温度仍保持在25℃左右，1周后，又可在原来菌柄上继续生长出子实体。

图 10-16　桑黄成熟期

8. 病虫害防控

　　为了杜绝农药残留，子实体生长期间，棚室内、菌袋和子实体均不宜直接喷洒化学农药。秋、冬季桑黄采收结束后，全面清洁棚室并消毒，杀灭残留在棚室内的病虫害，降低第二年病虫基数。桑黄生长期间，仅可在棚室外围用阿维菌素等生物农药喷杀马陆等害虫，用四聚乙醛颗粒剂（密达）诱杀蛞蝓。割包后大棚内开始喷雾加湿，适合蛞蝓生存。蛞蝓主要集中在靠近排水沟、废料场等大棚周边。用防虫网覆盖下水道口以阻止蛞蝓侵入桑黄大棚作为第一道防线，再在大棚四周设置诱杀饵料以形成阻止蛞蝓侵入的第二道防线。

第十一章
提高茶树菇栽培效益

第一节　茶树菇栽培概况和常见误区

　　茶树菇（*Agrocybe aegerita*）属担子菌亚门伞菌目粪伞科田头菇属，因可在柳树、茶树、杨树等树种的枯树桩上生长，又名柳松茸、杨树菇、茶薪菇、柱状田头菇等（图 11-1）。

　　茶树菇色泽美观，味道鲜美，盖肥柄脆，营养丰富，是世界公认的健康食品之一，也是市场前景广阔的珍稀美味食用菌品种。它的子实体蛋白质含量为 20% 以上，含有人体所需的 18 种氨基酸，特别是含有人体不能合成的 8 种氨基酸，其中赖氨酸含量高达 75%，比金针菇的含量还高。茶树菇还含有葡聚糖、菌蛋白、碳水化合物等营养成分，有利尿、润胃、健脾止泻、清热、平肝、明目等功效，具有很

图 11-1　茶树菇

高的药用价值，长期食用可缓解高血压、高血脂，增进人体免疫力，并且有抗衰老、防癌、抗癌等作用。因此茶树菇被视为"菇中珍品"，备受人们喜爱推崇。

一、栽培概况

　　在温带至亚热带地区，茶树菇从春季到秋季都可发生。它原为江西广昌县境内的高山密林地区茶树蔸部生长的一种野生菌，口感极佳，可烹制成各种美味佳肴，属高档食用菌类。20 世纪 90 年代，经过优化改良的茶树菇，推广到福建、广东、湖南、山东等省及上海、天津等市，其中福建发展速度较快，古田县每年栽培量达 3 亿袋，为全国最大的茶

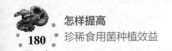
树菇生产基地，江西、山东、广东、湖南、浙江、河南、安徽、江苏及上海、北京、天津等省市均有很大发展。

茶树菇有茶褐色和白色两种菌株，由于白色种质量和产量都低于茶褐色种，用于生产的主要以茶褐色菌株为主。目前我国茶树菇生产大都属于单打独斗，靠自然气温栽培，粗放型生产；有少数公司进行了工厂化生产，但仅占茶树菇生产的 5%。

二、常见误区

1. 基础设施简陋，安全隐患较大

传统产区主要是一家一户种植，在房前屋后搭盖一两个简易菇棚，逐步扩展到田野成片建设。这种菇棚以竹木为骨架，四周棚体由泡沫和塑料构成，棚顶和外围加草帘遮阳（图 11-2）。因其成本低廉，构建简单，很快普及推广形成连片棚群。简易菇棚存在极为严重的消防安全隐患。另外，洪涝、台风灾害导致菇棚被冲垮等不安全事件也时有发生。

2. 产品档次不高，效益仍属微薄

茶树菇的产品定位为农贸菜市场销售的大众化菜篮子常见食品，其价格较低。鲜品收购平均价格为 6~8 元 / 千克，低时 3~5 元 / 千克，冬季缺货时有时比正常上浮 50%。整体分析，菇农靠的是"以量取胜"。付出的资金和劳动力投入大，所获利润仍属微薄范围，未能实现高效益的目的。

3. 干制品消费较多

由于我国传统菜肴"茶树菇炖鸡"的普及，茶树菇生产、消费以干品居多，在以往交通、物流不发达时，它的耐储性发挥了很大作用。但随着交通、物流业的快速发展，越来越多的茶树菇鲜品（图 11-3）也出现在各级农产品市场上，但人们对鲜茶树菇的营养了解较少，对鲜品的接受度较低。

图 11-2　茶树菇栽培设施

图 11-3　鲜茶树菇

第二节　提高茶树菇栽培效益的途径

一、掌握生长发育条件

1. 营养

菌丝体利用木质素的能力弱，对蛋白质、纤维素的利用力强。实际栽培中，棉籽壳，棉秆，杨、柳、榆、油茶等阔叶树木屑和玉米芯等都可作为栽培主料，它们均富含纤维素和木质素，可以提供茶树菇生长所需要的碳源；利用细米糠、麸皮、玉米粉、大豆粉、花生饼、棉籽饼等为主要氮素营养来源；培养料中可加入适量的无机盐如磷酸二氢钾、磷酸氢二钾、硫酸钙和硫酸镁等，以便菌丝体能够从这些无机盐中获取磷、钙、镁、硫、钾等元素。

2. 环境

（1）温度　茶树菇是广温型真菌，菌丝生长温度为5~35℃，最适温度为22~27℃；子实体形成温度为13~28℃，最适温度为20~24℃。偏低温度条件下，生长缓慢，但是子实体朵大、肉厚、品质好。

（2）湿度　培养料含水量应掌握在60%~65%。发菌阶段空气相对湿度控制在60%~70%为好，原则上宜干不宜湿，湿度过大，菌丝抗杂菌能力降低，污染率高；在原基分化和形成阶段，空气相对湿度应提高到80%~85%；子实体生长阶段，空气相对湿度应保持在85%~95%。

（3）空气　茶树菇属好氧性真菌，菌丝体生长阶段要保证通风良好，氧气充足；子实体生长阶段，稍高的二氧化碳浓度利于菌柄伸长，从而提高产量。因此，子实体阶段适当减少通风。

（4）光照　菌丝生长阶段不需要光照，强光下会抑制菌丝生长；子实体有明显的趋光性，适宜的光照条件下可获得菌盖小、菌柄长的优质商品菇。为了使子实体发生整齐、数量多，在进入原基分化与形成阶段需要提供一定的散射光。子实体生长阶段，光照强度为50~200勒，此阶段不可改变光源方向，否则不仅会出现畸形菇、菌柄扭曲，生长发育也会受到一定影响，影响商品价值。

（5）酸碱度　适宜pH为4~7，最适pH为5~6.5。实际栽培中一

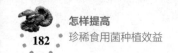
般将培养料调至 pH 为 7~7.5，经过灭菌后 pH 会下降，达到适宜的 pH 范围。

二、选择适宜的栽培季节和栽培模式

1. 栽培季节

华北地区一般可进行春、秋两季栽培，生产上一般安排在春季温度上升到 15℃以上、秋季温度降至 25℃以下出菇为宜。春季宜 3 月中旬~3 月底开始生产菌袋，4 月下旬完成发菌，5 月中旬~6 月出菇；秋季 8 月下旬~9 月中旬生产菌袋，10 月上旬完成发菌，10 月下旬后开始出菇。

南方地区一般分为春季栽培和秋季栽培。春季宜于 2~4 月接种，4~6 月为盛菇期；秋季 8~9 月接种，10 月和第二年 4~6 月为盛菇期。

2. 栽培模式

（1）设施化菇棚栽培　选择坐北朝南，地势高燥、平坦、通风，环境清洁的场所搭建菇棚。菇棚骨架采用竹木结构或钢架结构，菇棚宽 4.5 米、长 15 米，"人"字形棚顶，四周高 3.5 米，中间高 4 米，每棚占地 60~70 米^2（图 11-4）。四周及棚顶保温层采用 1.8 厘米厚的隔热膨体塑料板，内外加 0.06~0.08 毫米厚的黑色塑料膜。棚内设"三架两走道"，床架可用角钢、木料、毛竹等建造，床架设置 3 层，层距为 50 厘米，架脚离地 10 厘米，中间架床宽 1.5 米，旁边 2 架床宽各为 75 厘米，2 条走道各宽 0.8 米（图 11-5）。大棚两端各开 2 扇进出门（2 米 ×1 米），门对角方向安装 2 个可开启的通风窗（0.6 米 ×1.4 米），窗顶上方安装排气扇；空气湿度调节设施采用在菇房的层架下面安装与栽培架等长、直径为 15~20 毫米的硬塑料水管，安装增压泵加压，塑料水管错位打孔，孔径为 0.5~0.8 厘米，孔距为 15~20 厘米；每个走道安装 2 盏节能灯用以照明和调节光照；各走道安装 4 盏黑光灯诱杀害虫；门窗、通风口、出入口安装防虫网，防止害虫入侵。

（2）荫棚栽培　选择靠近水源、排灌方便、土质通气透水性能好的大田，坐北朝南搭建荫棚（图 11-6 和图 11-7）。荫棚规格为 17 米 ×4 米，用竹木作支架，外用芦苇、芒萁、稻草或遮阳网遮阳，内用薄膜覆盖，

四周用芦苇、芒萁、稻草或遮阳网围密，两端各开2扇进出门（2米 ×
1米）。堆码式栽培，采取就地双垛式6~8层垛墙，垛的两端用木杆
架住。层架式栽培，在荫棚内设3排层架和2条走道，两侧层架宽
70~80厘米，中间层架宽130~140厘米，走道宽80厘米；层架搭建
3层，层距为50厘米，用竹片或木板等铺设。荫棚搭建好后在四周挖
好排水沟。

图 11-4　茶树菇设施化
菇棚栽培

图 11-5　茶树菇设施化菇棚
栽培床架

图 11-6　茶树菇栽培荫棚骨架

图 11-7　茶树菇荫棚栽培

（3）简易菇棚栽培　采用半地下式板墙结构，棚体采用水泥柱和竹
木支撑，四周及棚顶采用10厘米厚的保温板（图11-8）。菇棚大小为25米 ×
9.6米 × 3.2米（长 × 宽 × 高）。菇棚两侧各开1个1米 × 1.5米（宽 × 高）
的门作为栽培管理通道兼作通风。每个菇棚面积为250~300米^2，棚
口安装缓冲门，棚内地表安装简易水热循环装置。菇棚内安置4排
23米 × 1.2米 × 2.2米（长 × 宽 × 高）的栽培架，设4层，每层高55
厘米（图11-9）。栽培架底铺设地暖管，温度低时加温。1个菇房可放置
4.5万 ~5万个菌包。

图 11-8　茶树菇简易菇棚栽培

图 11-9　茶树菇简易菇棚
内的栽培床架

【提示】

　　各类温室、拱棚等设施均可用作菇房（棚）；夏季要搭建荫棚。应配备调节温度和光照的草帘、遮阳网等，要求通风良好、可密闭。通风处和房门安装 60 目（孔径约为 250 微米）的防虫网。栽培场地使用前应清洁整理，清除杂物、杂草等。菇棚内悬挂粘虫板和诱虫灯，进出菇棚的通道安装缓冲门，可采用生物制剂 Bti（苏云金芽孢杆菌以色列亚种）灭虫。

三、选择适宜的栽培配方和处理方式

1. 栽培配方

栽培配方参考如下：

1）棉籽壳 85%，麸皮 10%，玉米粉 3%，石膏 1%，糖 1%。

2）棉籽壳 50%，棉秆 30%，麸皮 13%，玉米粉 5%，石膏 1%，糖 1%。

3）棉籽壳 78%，麸皮 10%，玉米粉 5%，饼肥 4%，石膏 2%，磷酸二氢钾 0.4%，硫酸镁 0.1%，糖 0.5%。

4）棉籽壳 55%，废棉 30%，麸皮 10%，玉米粉 3%，石膏 1%，糖 1%。

5）木糖醇渣 25%，棉籽壳 50%，麸皮 15%，豆粉 5%，石膏 1%，石灰 3%，碳酸钙 1%。

6）棉籽壳 75%，木屑 10%，麸皮 12%，石灰 2%，石膏 1%。

7）棉籽壳 77%，麸皮 20%，碳酸钙 2%，石膏 1%。

8）杂木屑 59%，棉籽壳 20%，麸皮 20%，石膏 1%。

9）棉籽壳 68%，麸皮 30%，蔗糖 1%，石膏 1%。

10）杂木屑 70%，麸皮 28%，蔗糖 1%，石膏 1%。

11）棉籽壳 55%，木屑 16%，麸皮 20%，玉米粉 5%，蔗糖 1%，石膏 1%，石灰 2%。

12）棉籽壳 45%，木屑 30%，麸皮 18%，玉米粉 3%，蔗糖 1%，石膏 1%，石灰 2%。

13）棉籽壳 30%，木屑 20%，玉米芯 15%，麸皮 17%，玉米粉 5%，豆粕 10%，石膏 1%，石灰 2%。

14）棉籽壳 50%，杂木屑 22%，麸皮 20%，石灰 2%，玉米粉 5%，石膏 1%。

15）棉籽壳 75%，麸皮 20%，玉米 4%，石灰 1%。

2. 原料处理

（1）木屑　通常在培养料中添加 10%~70% 的阔叶树木屑，并且要求采用陈化的木屑。木屑经陈化后，体积减小，持水性大大提高。培养料添加陈化木屑后，不仅增加了营养，同时也提高了持水性能。陈化木屑的制作方法是将新鲜的干木屑加入适量的清水，置于室外堆积半年左右，其间翻堆 2~3 次。

（2）玉米芯、麦秸　需前 1 天晚上加 2% 的石灰水浸泡，有利于原料吸收水分，第二天早上装袋前再拌入其他干料，充分搅拌，控制含水量在 70%~75%，搅拌好即可装袋。

（3）棉籽壳　有很好的持水性，但由于含脂量较高，吸水均匀需要较长时间。因此，栽培上提倡二次拌料，以确保培养料含水量均匀。具体做法是当天搅拌机拌料后自然堆放于室内场地，待第二天装袋前进行二次拌料，这样培养料混合更均匀、含水量更准确。棉籽壳不需要提前浸湿，既节省了劳力、节约了时间，又能达到充分吸水的目的。

【提高效益途径】

　　茶树菇是木腐菌，除能利用杂木屑外，甘蔗渣、稻草、棉籽壳、菌草也可作为碳源。茶树菇漆酶活性较低，利用木质素能力弱；而蛋白酶活性高，利用蛋白质能力强。因此在培养料中增加有机氮的含量，如麸皮、米糠、玉米粉、饼肥等，生物转化率一般可提高约 5%。

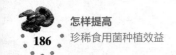
3. 拌料

（1）人工拌料　根据选定配方按比例称取主、辅料，混合翻拌均匀，料水比为 1∶(1.2~1.3)，用石灰水调节 pH 至 7.5 左右。

（2）机械拌料　提前 1 天将棉籽壳堆制预湿，避免有干料。拌料时，将麸皮、玉米粉、轻质碳酸钙按照当日生产量测算后预先混合备用。用铲车将预湿后的棉籽壳推入全沉式搅拌槽内，加入事先混合好的麸皮、玉米粉、轻质碳酸钙混合料，第一次搅拌 30 分钟，搅拌后使用传送带送入第二搅拌机，通过第二次搅拌后，经分料器送入装袋机进行装袋。

【提示】

采用自动搅拌机将配方中各种组分与水混合后称出一定数量的培养料（50 克），用微波炉反复干燥数次，充分干燥后称量，计算出培养料的含水量。经过若干次检测后，最后固定每次拌料的投料量和加水量，这样培养料的含水量就会控制得较为准确。

四、制作优质出菇菌袋

1. 装袋

根据出菇方式不同选用不同规格的塑料袋，立式出菇宜采用 15 厘米 × 30 厘米的折角袋；卧式出菇宜采用 17 厘米 × 38 厘米的筒袋。一般选用聚丙烯或低压聚乙烯塑料袋，厚度以单面 4~5 丝为宜。装料时松紧适度，原则上掌握"宁紧勿松"。料装好后料面要整平，用直径为 1.5~2 厘米的木棍自上而下插 1 个圆洞，直达料袋 4/5 处（增加袋内氧气，接种时菌种掉入洞内缩短发菌时间）。然后扎口或加套环封口、清理干净袋外面的培养料。菌袋装好后装筐，及时上灶灭菌。

2. 灭菌

高压蒸汽灭菌时间短，但培养料营养效果不如常压灭菌，而且用聚丙烯塑料袋在出菇期料袋容易分离，因此生产中通常采用常压蒸汽灭菌。常压蒸汽灭菌操作为将料袋摆入周转筐或装入塑料编织袋内，周转筐或编织袋自下而上堆叠排放，上下对齐，前后排的中间留空隙，使蒸汽能在灭菌灶内自下而上均匀流通，保证灭菌彻底；叠好袋后，罩紧薄膜，外加帆布，然后四周用绳扎紧，上面加压重物，以防蒸汽将罩膜冲飞漏气。

3. 接种

待菌袋内温度降到 28℃，即可进行接种。接种时要先将菌种瓶（袋）口处老化菌种去掉，菌种块不要弄得太碎，以保证菌种尽快定植。适当加大接种量可加快菌丝生长，减少杂菌侵入机会，提高成品率。接种完毕，要及时将菌袋移入培养室，接种室地面的残物、菌种碎屑等须及时清理，通风 60 分钟，将湿气、废气排出。

【提示】

采用高效过滤器循环过滤空气，滤去接种室内空气中的灰尘、杂菌，并安装紫外线灯。接种时先用酒精擦拭双手、栽培种袋外壁和接种工具，接种工具用酒精灯火焰灼烧，解开料袋扎绳或打开套环盖子，把栽培种从袋底撕开，从栽培种袋底开始，用镊子夹取一小块菌种迅速通过酒精灯火焰区先放入料袋洞内，再在料袋的洞口放一块菌种，然后重新扎好或盖好袋口。表面老化、萎缩的部分菌种弃用。

4. 菌袋培养

（1）培养室处理　培养室要求干净清洁，空气新鲜，避光干燥（图 11-10）。使用前 3~5 天用漂白粉溶液（漂白粉 100 克兑水 10 千克）或用新洁尔灭溶液（新洁尔灭 500 克兑水 15 千克）进行清洗消毒。培养室周围用 80% 敌敌畏 500 倍溶液喷雾杀虫 1 次。

（2）培养　接好种的料袋搬入培养室发菌，菌袋可采取立式摆放或墙式摆放，墙式摆放时叠高 3~4 袋，前后排间距为 2~3 厘米，以利于空气流通散热。发菌期进行分期控温管理，接种后 3~5 天为萌发期，培养室温度控制在 25~27℃；接种后 7~10 天为菌丝生长旺盛期，

图 11-10　茶树菇栽培层架

温度控制在 23~25℃，并开始翻堆，检查菌包污染情况，翻堆时上下、内外菌包交换位置，同时检查是否有菌袋污染，如有及时捡出培养室；接种后 45~50 天进入生长成熟期，温度控制在 23~26℃，当菌丝长至距袋底 2~3 厘米时，拉松袋口扎绳透气；接种后 60 天达到生理

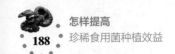

成熟，菌丝满袋，并且在料面及料袋四周出现棕褐色斑点，此时可搬入大棚进行出菇管理。

【提示】

　　培养室温度控制在 20~25℃为宜，最高不要超过 28℃；空气相对湿度控制在 65%~70%；每天根据室内空气状况进行必要的通风换气。培养后期适当增加室内光照，可促进菌丝生理成熟，尽快现蕾出菇，一般菌丝长满菌袋后再培养 15~20 天即可达到出菇要求。

五、加强出菇管理

1. 出菇方式

　　（1）层架立式出菇　菌袋口朝上立式排放在床架上，床架一般有 3~4 层，层与层之间高度以 50 厘米左右为宜，床架宽度以便于管理为宜（图 11-11）。温度达到 13~28℃就可以转入出菇管理阶段，此时应去掉扎口绳或套环并拉直袋口进入催蕾管理。以下两种出菇方式也均需达到此温度要求才能进入出菇管理。

　　（2）卧式立体墙式出菇　菌袋横排卧式立体墙式出菇，排放菌袋的地方要高于地面 10 厘米，以免下部子实体沾泥（图 11-12）。因温度高低不同，一般堆高不应超过 8 层；每层床架不应超过 3 层菌袋，以免造成中间料温升高影响产量和质量。菌墙排好后即可将菌袋扎口绳或套环去掉，并拉直袋口进入催蕾管理。

图 11-11　茶树菇层架立式出菇

图 11-12　茶树菇卧式
立体墙式出菇

（3）**覆土出菇**　覆土栽培茶树菇的荫棚，郁闭度应大一些，棚顶以"二分阳八分阴"为宜（图11-13）。四周挡风墙要比棚顶更密，这样可以增加茶树菇菌柄长度，避免菌柄弯曲，可有效提高商品价值。棚内的畦宽0.8~1米、深15~20厘米即可。畦床做好后将剥去塑料袋的菌棒并排放在畦床上，上覆盖厚3~4厘米的腐殖土，土面要整平。覆土材料最好使用杀菌处理过的泥炭土或透气性好的壤土。如果是在林地栽培，畦床每隔一定距离插上弓形竹片，覆盖薄膜保温，保湿。

图11-13　茶树菇覆土出菇

2. 催蕾

（1）**转色**　进入转色催蕾阶段后，在适宜条件下料面颜色会随之发生变化。初时有黄水，继而变成褐色，随着菌丝体褐化过程的延长和菌丝体颜色的加深，袋口周围表面的菌丝会形成一层棕褐色菌皮，对保护菌丝生长、防止菌袋水分蒸发、提高对不良环境的抵御能力、保护菌袋不受杂菌污染和原基的形成都起着非常重要的作用。这期间早晚应喷水保湿，提高空气相对湿度到95%左右，温度控制在18~24℃。

（2）**开口增氧**　当菌袋长满菌丝后10天左右，出现黄色水珠状分泌物，表面有棕褐色的色斑，开始从营养生长转入生殖生长时，要及时搬入事先消毒过的厂房内开口。开口前菌袋用0.5%高锰酸钾溶液喷洒并拉直袋口（图11-14），或用刀片在菌袋顶部割开3厘米左右小口（或剪去扎口绳或将袋口稍往下折叠6厘米左右），盖上薄膜。早、晚各通风40~50分钟，开袋同时剔除老化的接种块，搔下的接种块和废料集中收集，清理出菇房；喷水增湿，朝菌袋、地面和空间喷雾状水，保持菇房空气相对湿度为85%~90%；光照刺激，通过开窗、调节大棚遮阳物、开启荧光灯等，增强菇棚光照，光照强度控制在200勒（以在菇房内能阅读书报为宜）；变温刺激，在18~26℃温度范围内，白天关闭菇棚门窗，夜间开窗，创造6~8℃的温差。通过上述管理，开口后8~12天菌袋表面出现白色粒状物，有时还会形成一层白色棉状物，即开始现蕾。

图 11-14　开口增氧

【提示】

　　开始催蕾时，每天早晚各喷 1 次重水，喷水量掌握在每次喷水结束后，大多数菌袋表面可见薄薄的积水层。持续 5~7 天，当观察到大部分培养料表面有薄薄一层积水不再消退时，表明培养料已吸水充分，可停止喷水。1~2 天后表面积水蒸发，培养料呈湿润状态，原基陆续发生。

　　在统一喷水的条件下，少量菌袋表面会有不同程度的积水层，停止催蕾喷水后，对于这部分菌袋，可用竹签等尖状物在培养料表面位置，将塑料袋扎个小孔，流出多余水。否则，这些菌袋将因积水而无法出菇。

3. 出菇管理

　　菇蕾形成后开始向地面和空间洒水，保持菇房空气相对湿度在90%~95%，不能直接向袋口菇体上喷水，否则菌柄基部会变成黄棕色至咖啡色，影响出菇质量，同时会产生根腐病。可通过薄膜和覆盖物的掀或盖将棚内温度控制在茶树菇适宜的出菇温度（13~28 ℃），在此范围内如果能够形成温差刺激，将有利于原基形成，出菇整齐、潮次明显。加大通风，每天早、中、晚各通风 1 次，每次 30 分钟，保持菇房内空气新鲜，使菌柄长粗、菌盖增厚（图 11-15）。菇蕾形

图 11-15　出菇管理

成2~3天后，菇体长至8厘米长，将菇房温度控制在20~28℃，适量喷水，采取干湿交替管理，空气相对湿度降至85%~90%，保持弱光环境（50~200勒），减少通风次数和通风时间，使环境或袋内二氧化碳含量增大，抑制菌盖生长，促进菌柄伸长，保持2~3天，菇体生长整齐、均匀、白嫩。

【提示】

　　①每袋留6~8朵子实体为宜，生长整齐，朵形好，菌柄粗，否则影响菇的品质和产量。出菇前期主要向菇棚空间和地面喷水，中后期可直接向子实体喷水，接近成熟时禁止向子实体喷水。②可采取空间喷雾和地下灌水的方式控制棚内的湿度，喷水要少量多次，以免畦内积水太多，尽量避免向子实体上直接喷水以免引起病害；出菇期间要通过将畦两端的薄膜掀开，或两边薄膜抬高的方式通风换气；此阶段不可改变光源方向，否则会出现畸形菇、菌柄扭曲，影响商品价值；高温季节门窗和通风口要用防虫网封闭，以防虫害发生。

　　也可采用套筒方式出菇管理。套筒可防止茶树菇下垂散乱，减少氧气供应，抑制菌盖生长，促进菌柄伸长。可用宽20厘米的塑料袋或牛皮纸，做成高35厘米的筒，当茶树菇长出袋口2~3厘米时套筒。套筒后，每天可在纸筒上喷少量水，保持湿度为90%左右。

4. 采收

（1）采收时机　适宜的条件下一般经过5~7天，当菌柄长至10~12厘米，菌盖直径至0.8~1.5厘米，菌盖颜色由暗红褐色变为浅褐色、呈半球形，菌环尚未脱离菌柄时采收（图11-16）。采收过迟菌盖容易脱落或破损，商品价值降低。

（2）采收方法　采收前1小时向子实体喷1次水，可以增强菇体韧性。因菌柄较脆易折断，采收时注意轻采轻放，不要碰坏菌盖，用手指捏住菌柄基部轻轻旋起，使菇体脱离培养基，

图11-16　茶树菇采收

并小心去掉菌柄根部的碎屑杂质，捡出伤、残、病菇，分类堆放。

优质茶树菇的标准：菌盖颜色鲜艳，不开伞，大小一致；菌柄白色粗壮，长短整齐。

5. 转潮管理

采收第一潮菇后，及时清理料面残留的菇根、死菇、烂菇，并搔菌，扒去料面上发黑部分，清理干净菌袋料面，合拢袋口。停止喷水3~5天，然后拉直袋口喷1次重水，覆盖薄膜继续催蕾。15天后再将空气湿度提高到90%以上，促使第二潮菇生长（图11-17）。

菌袋出完第二潮菇后，培养基已变得非常干燥，很难满足再次出菇的水分要求，必须进行补水处理。可直接向菌袋喷水至高于袋内料面2厘米，12小时后将袋内的水倒掉，加强通风，继续出菇。如果温湿度条件合适，可连续出4~5潮菇。

图11-17 茶树菇转潮管理

六、进行保鲜和干制

1. 保鲜

（1）精选优质菇 清除新鲜茶树菇根部基质、老化组织，并进行分级（表11-1）。去掉其带基质的根部可以有效减少菇体携带的病原微生物，有效降低发病和感染病菌的可能性，从而达到延长货架期的目的。

表11-1 鲜茶树菇感官分级指标

项目	等级		
	特级	一级	二级
形态	菌盖呈半球形，菌膜完好，菌柄直，整丛菇体长度、体形较一致	菌盖呈半球形，菌膜基本完好，菌柄稍弯曲，整丛菇体长度、体形较不一致	菌盖稍平展，菌膜部分破裂，菌柄较弯曲，整丛菇体长度、体形不一致

（续）

项目		等级		
		特级	一级	二级
色泽	褐色茶树菇	菌盖：黑褐色至暗红褐色；菌柄：浅棕色。菌盖、菌柄色泽均匀一致	菌盖：浅土黄色至暗红褐色；菌柄：浅棕色。菌盖、菌柄色泽基本一致	菌盖：浅土黄色；菌柄：浅棕色。菌盖、菌柄色泽比较一致
	白色茶树菇	菌盖：乳白色；菌柄：近白色。菌盖、菌柄色泽均匀一致	菌盖：乳白色；菌柄：近白色。菌盖、菌柄色泽基本一致	菌盖：乳白色；菌柄：近白色。菌盖、菌柄色泽比较一致
气味		具有浓郁的茶树菇特有的香味	具有比较浓郁的茶树菇特有的香味	具有茶树菇特有的香味
菌盖直径/毫米		15~20	15~30	15~40
菌柄长度/毫米		100~120	100~140	100~160
破损菇率（%，质量分数）		≤ 1.5	≤ 2.5	≤ 3.5
霉变菇率（%，质量分数）		无	无	无
杂质率（%，质量分数）		≤ 0.2	≤ 0.3	≤ 0.4

注：随机抽取样品 500 克（精确至 ±0.1 克），分别从中检出碎菇体和杂质，用天平称量（m_1），分别计算其占样品的百分率，以 X（%）表示，按下式计算结果：$X=m_1/500 \times 100$。

（2）**紫外灭菌**　用 9 瓦紫外灯距离菇体 30~50 厘米处，照射 3~5 分钟，进一步杀菌，可杀死携带的 70% 以上的病原微生物。

（3）**装箱**　将灭菌后的茶树菇装入塑料周转箱中，周转箱底部和四周垫 2 层木浆材质的白纸，白纸厚度为 0.08~0.1 毫米，60~80 克/米²，纸张大小根据周转箱进行定制或裁剪。要求菌伞朝外，菌柄朝里放置，使菌伞都紧靠周转箱边缘，菌柄位于周转箱中部。茶树菇堆积高度不能超过周转箱的上部边缘，装箱过程中，每 7~10 厘米的厚度盖 2 层白纸，

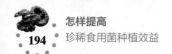

用白纸将上、下层的茶树菇分开，装箱结束后，最上层同样盖2层白纸，使茶树菇不暴露在空气中。

【提示】

装箱后，白纸可以吸收掉茶树菇呼吸出的水分，使菇体不会接触到明水，在储运后期，潮湿的白纸还可以保湿，所以铺垫白纸具有缓冲作用，兼具有吸水保水效果。此步骤虽然简单，却是决定茶树菇储运过程中保鲜效果的重要步骤。

（4）抽真空、充气体　将装有茶树菇的周转箱放入气调包装袋中，然后将包装袋中的空气用真空泵抽空。充入配好的气体：氧气3%~7%、二氧化碳2%~5%，其余为氮气；放入2~3℃冷库，可以放置25~30天。

2. 干制

一般采用烘烤法干制。鲜菇采收后，最好先晾晒半天（图11-18），然后将鲜品按长短粗细分类，除去杂物、蒂头，再将茶树菇的菌褶向下，排放在烤盘上，送到烤房烘烤。温度由低到高，温度过低会使产品腐烂变色；温度过高会把产品烤焦。一般要求烘烤前将烤房预热到40~45℃，进料后下降至30~35℃。晴天采收的菇较干，起始温度可高一点；雨天采收的菇较湿，起始温度应低一点。随着菇的干燥缓慢加温，最后升到60~65℃，勿超过75℃。整个烘烤过程，视产品种类与干湿度共需6~10小时。另外，烘烤过程中要勤翻动检查，随着菇的干缩进行并盘和上下

图11-18　茶树菇晾晒

调换位置。烤到菇体含水量为13%以下（菌柄干脆、易抖断）时取出密封保藏，干制的菇易返潮，应放于干燥处贮藏。干制品的菌盖保持原有特色，菌褶全为浅黄色，香味浓，可分级包装销售（表11-2）。

表 11-2　干茶树菇感官分级指标

项目		等级		
		特级	一级	二级
形态		菌盖呈半球形，菌膜完好，菌柄直，整丛菇体长度、体形较一致	菌盖呈半球形，菌膜基本完好，菌柄稍弯曲，整丛菇体长度、体形较不一致	菌盖稍平展，菌膜部分破裂，菌柄较弯曲，整丛菇体长度、体形不一致
色泽	褐色茶树菇	菌盖：黑褐色至暗红褐色；菌柄：浅棕色。菌盖、菌柄色泽均匀一致	菌盖：浅土黄色至暗红褐色；菌柄：浅棕色。菌盖、菌柄色泽基本一致	菌盖：浅土黄色；菌柄：浅棕色。菌盖、菌柄色泽比较一致
	白色茶树菇	菌盖：乳白色；菌柄：近白色。菌盖、菌柄色泽均匀一致	菌盖：乳白色；菌柄：近白色。菌盖、菌柄色泽基本一致	菌盖：乳白色；菌柄：近白色。菌盖、菌柄色泽比较一致
气味		具有浓郁的茶树菇特有的香味	具有比较浓郁的茶树菇特有的香味	具有茶树菇特有的香味
菌盖直径／毫米		12~17	12~22	12~32
菌柄长度／毫米		80~100	80~120	80~140
破损菇率（%，质量分数）		≤ 5.5	≤ 9	≤ 11.5
霉变菇率（%，质量分数）		无	无	无
杂质率（%，质量分数）		≤ 0.2	≤ 0.3	≤ 0.4

七、提前防控病虫害

1. 首批子实体形成时间推迟

【症状表现】　正常情况下，培养料发满菌后 7~15 天应出现子实体原基，如果首批茶树菇子实体原基形成时间比正常推迟，就会大大延长生产周期，降低生产效益。

【发生原因】　①培养料配方中米糠、麸皮、豆饼、玉米粉等含氮

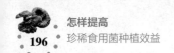

量丰富的成分占比过大，培养料中氮含量过高，推迟了茶树菇的生殖生长。②菇房内如果长时间处于35℃以上高温或长时间处于3℃以下低温，也会导致出菇推迟。

【防控措施】 ①配方要科学合理，氮含量为15%~20%。②菌丝生长期间温度为23~28℃，子实体形成和生长发育期间温度控制在18~24℃；子实体形成初期创造10℃以上的昼夜温差，防止菇房环境温度出现过高和过低的极端温度。

2. 水渍状斑点病

【症状表现】 子实体菌盖出现针刺状凹点，凹点周围颜色很快变浅，接着菌盖出现裂纹和水渍状斑点。

【发生原因】 ①子实体长时间处于高温、高湿的生长环境中，并且通风不良。②菇蚊、菇蝇、跳虫、螨虫等害虫咬食子实体。

【防控措施】 ①子实体形成及生长期间，环境温度要控制在16~32℃，最好是18~24℃，空气相对湿度要控制在85%~95%；要把菇房的通风透气与增加湿度、调控温度有机结合，不喷洒关门水，不可让菇房内的湿度长时间处于饱和状态。②菇房要提前安装好纱门、纱窗，防止菇蚊、菇蝇、跳虫、螨虫等害虫进入，如果发生这几种害虫危害，要及时喷雾灭杀。

3. 死菇

【症状表现】 幼菇长到2~4厘米时，子实体萎蔫、变黄，最后死亡，这种幼菇死亡现象常成丛发生。

【发生原因】 ①菌袋严重缺水。②搔菌后温度和湿度变化过大，幼菇难以适应。

【防控措施】 ①每批菇采收完毕后，及时补水，可采取注水法或灌水法，补水量要使菌袋接近原始重量。②搔菌后要避免温度和湿度变化幅度过大，操作上避免剧烈的通风透气，通风一定要与喷水或浇水相结合。③注意天气变化，控制昼夜温差变化不要太大。

4. 细菌性腐烂病

【症状表现】 子实体呈水渍状腐烂，病斑为褐色，有恶臭味，有黏液；菌柄和菌盖可同时发病，菌柄变黑。

【发生原因】 细菌性腐烂病的病原菌为假单胞杆菌；在菇房高温高湿的情况下，病原菌通过水、工具、害虫或工作人员等媒介，从子实体的机械伤口或害虫咬食伤口侵入和传播，并导致腐烂。

【防控措施】　①使用的水一定要洁净卫生。②子实体形成及生长期间，空气相对湿度要控制在85%~95%，不要超过95%，尤其不要长时间过高；喷水后要及时通风换气，平时菇房适当通风透气。③菇房要提前安装好纱门、纱窗，防止菇蚊、菇蝇、跳虫、螨虫等传病性害虫进入，如果菇房发现这几种传病性害虫，要及时喷雾灭杀。④及时清除病菇，防止细菌性腐烂病蔓延传播。

5. 基腐病

【症状表现】　菌柄基部变成深褐色，最后变成黑色并腐烂，导致子实体倒伏。

【发生原因】　茶树菇基腐病的病原菌为瓶梗青霉。当培养料含水量过大，或搔菌后菌袋表面积水，或菌袋因长期覆盖塑料薄膜而通风透气不良，或菇房空气相对湿度长时间大于95%，容易导致基腐病发生。

【防控措施】　①培养料含水量要控制在60%~65%。②出菇后水分管理要科学合理，接菌后不可让菌袋表面积水，菌袋不可长期覆盖薄膜，以免通风透气不良；菇房空气相对湿度不可长时间大于95%。③发现病菇，要及时清除，并喷雾防治。

6. 软腐病

【症状表现】　菌柄基部先出现黑褐色水渍状斑点，后来病斑逐渐扩大，基部变软、萎蔫、腐烂。湿度较大时，病斑上会长出白色絮球状菌丝团。

【发生原因】　茶树菇子实体软腐病的病原菌为异形葡枝霉，栽培后期，如果气温经常过高，湿度过大，就容易发生。

【防控措施】　①防止菇房内气温经常起伏过大，控制空气相对湿度不超过95%。②子实体一旦发病，应及时连根清除，在地上撒生石灰消毒，并药液喷雾防治。

7. 幼菇生理性腐烂或萎缩

【症状表现】　①高温高湿期间，幼菇出现腐烂。②低温低湿期间，幼菇出现萎缩。

【发生原因】　①菌袋内部温度过高，加上环境温度和空气相对湿度长时间过高，通风透气不良，会导致幼菇发生生理性腐烂。②如果菌袋内部温度过低，加上环境温度和空气相对湿度长时间过低，就会导致幼

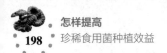
菇发生生理性萎缩。

【防控措施】 子实体形成及生长发育期间，环境温度要控制在16~32℃，最好是18~24℃，空气相对湿度要控制在85%~95%；要把菇房的通风透气与增加湿度、调控温度有机结合，菇房温度和湿度均不可过高或过低。

8. 螨害

【症状表现】 ①菌丝培养阶段：发生螨害的菌袋，菌丝被逐渐啃食，停止生长，菌丝基本不吃料，甚至出现"退菌"现象；伴生杂菌大量繁殖，常见有绿霉、链孢霉等。②子实体生长阶段：前期表面菌丝恢复正常，随后会出现无菌丝的斑块，出菇极少；严重的表面菌丝被食尽，表面不发生子实体，只有少量子实体从菌袋边缘的较深处长出；有时候螨虫还会啃咬、吞噬原基或幼小的菇蕾，造成茶树菇严重减产，甚至会绝收。

【发生原因】 ①菌种带螨。②环境带螨。

【防控措施】 ①严防菌种带螨：仔细观察菌种瓶壁或袋壁的菌丝，可以发现菌丝被取食的痕迹。如果有此迹象，又不能做出准确的判断，可以取若干菌种放在阳光下暴晒0.5~1小时，使菌种瓶或袋内温度上升，如果菌种带螨，螨虫会从培养料内爬至菌种瓶壁或袋壁，可准确判定菌种带螨。若确定菌种带螨，则整批菌种不宜使用。②清除环境螨源：培养室或出菇室要远离禽畜圈舍及贮藏米糠、麸皮等的仓库，周边也不能堆放易滋生螨虫的杂物；培养室、出菇室每次使用结束后将所有杂物认真清理干净，对培养架、出菇架及室内各处用杀螨剂喷洒，保持室内通风、干燥；对循环使用的培养室、出菇室，如果曾经有螨害发生，应该在使用前密闭门窗，向室内通入足量的高温蒸汽，使室内温度达到60℃后并维持5~6小时，可杀灭室内螨虫。

【提示】

在菌袋培养或出菇过程中，如果发生螨害，有的菇农将培养室或出菇室的门窗密闭，用磷化铝进行熏蒸。具体做法是每立方米空间用10克的磷化铝，每10米²按3个点的量，将瓦片或瓷碗均匀分布在室内各个部位，打开磷化铝片的包装，将药片分别放在容器内，然后迅速离开菇房，并将菇房密闭。温度在 21~25℃ 时要熏蒸 24 小时，温度如果低于 20℃ 应该延长至 48 小时。这种方法杀灭螨虫的效果接近 100%。

磷化铝属于剧毒农药，一旦吸入会导致中毒，中毒后轻者会出现头晕、呕吐、四肢无力、腹部疼痛、喉部刺痒、嗜睡、口渴等症状，严重者甚至可以致人死亡。一是要有防范意识，投放药片的动作必须迅速，投完药片后立即撤离，药物处理的房间要上锁，避免其他人员误入室内，处理完毕后需要打开门窗通风透气，在此过程中需要有人值守，禁止人员在门窗周围逗留。待药物完全散发后，方可进入室内；二是如果在出菇过程中使用此方法，需要等到 1 潮菇全部采收结束后进行，否则会导致幼蕾死亡或子实体畸形。

9. 虫害

茶树菇不能集中出菇，整体潮次不明显，给防治害虫带来不便。常见的害虫为菇蚊、菇蝇，其幼虫体小，肉眼难以看到，直接取食培养料和料内菌丝，造成菌丝退化、菇蕾萎缩，严重时绝收。主要防控措施如下。

（1）搞好卫生，清除虫源　及时清理销毁菇房内外的虫菇、烂菇、菇头、菇根和废弃的培养料、垃圾等，铲除害虫的滋生地，并用 80% 敌敌畏 500~800 倍液进行喷雾。

（2）设置缓冲带　在菇房与菇房之间设置 3 米缓冲带，两端及上方用 60 目防虫网遮挡，入口处悬挂杀虫灯。

（3）物理隔离，诱杀成虫　门窗上安装 60 目的防虫网，菇棚内挂粘虫板和频振式杀虫灯诱杀害虫。

（4）用水浸杀幼虫　采取灌水的方式使菇蝇、菇蚊的幼虫窒息死亡。方法是收完 1 潮菇后，向菌袋灌清水，灌水量以水位高出袋内培养基表面 2~3 厘米为宜，浸泡 24~48 小时后倒出袋内积水，保持培养基表面湿润而无积水。该方法安全卫生、无化学农药残留，杀虫同时给菌袋补水，使下一潮出菇更均匀、整齐。

（5）药剂防治　出菇阶段尽量不用农药，在不得已的情况下，可在 1 潮菇采收完毕后，规范使用经注册登记可用于食用菌的农药，严禁使用高毒、高残留农药。

第十二章
提高灰树花栽培效益

第一节　灰树花栽培概况和常见误区

灰树花（*Grifola frondosa*）属担子菌门多孔菌目树花孔菌属，在我国西南地区称为莲花菌，东北地区称为栗蘑，浙江西南山区叫作云蕈，在日本称为舞茸（彩图 18）。常于夏、秋季着生于阔叶树（如蒙古栎、甜槠、板栗、栲树、米槠、青冈栎等壳斗科树种）的树桩附近或树根上，周边常长有杂草。灰树花子实体呈灰色至灰褐色或灰白色，边缘有一圈不规则尖凸，菌肉为白色，肉质脆嫩，柄短呈珊瑚状分枝，重叠成丛。外观层叠似菊，远观似层层云片，"云蕈"之名因此而来。

灰树花鲜品具有独特清香味，滋味鲜美；干品具有浓郁的芳香味，肉质嫩脆，味如鸡丝，脆似玉兰，鲜美诱口。其营养丰富，蛋白质、氨基酸含量高出香菇 1 倍，有"食用菌王子"的美称，深受消费者喜爱。灰树花多糖有抗肿瘤活性、抗HIV（人类免疫缺陷病毒）及肝炎的作用，能够预防卵巢癌、肺癌、宫颈癌等，明显增强免疫活性，被誉为"抗癌奇葩"（图 12-1）。

图 12-1　灰树花及其提取物

【提示】

灰树花作为一种食药用菌，国内外研究学者对它进行了深入研究，发现灰树花具有抗肿瘤、降血压、免疫调节、保肝等生理功效，同时灰树花营养价值高，鲜美可口，受到了广大消费者的喜爱。目前市面上已有的产品有美国的 GRIFRON、日本的 MAIEXT、中国的"维吉尔胶囊"等。

一、栽培概况

灰树花主要分布在中国和日本，多生长于热带至温带的高山阔叶林或常绿针阔混交林中，寄生于树木的根部，是典型的森林白腐菌。

它的人工栽培起源于日本，伊藤一雄和广江勇于 20 世纪 40 年代分别对灰树花孢子萌发及菌丝生长所需要的生境进行了系统研究，目前日本灰树花栽培已完全实现工厂化，产量大大提高。

我国灰树花栽培主要分布于河北、云南、四川、浙江、广西、西藏、福建等地。我国灰树花栽培开始于 20 世纪 80 年代的浙江庆元县和河北迁西县，主要是通过驯化当地的野生灰树花栽培，1992 年赵国强利用仿野生灰树花的栽培方式提高了灰树花的生物学效率。

灰树花的人工驯化栽培已形成产业化，我国南方地区基本为代料床架栽培，北方以代料埋土栽培为主，逐渐形成了以浙江庆元县为代表的大棚床架栽培和以河北迁西为代表的小拱棚仿野生栽培、荫棚遮拱棚栽培为主的季节性栽培。2000 年以来，浙江、福建、上海等地也开展了无土栽培的二次出菇技术、工厂化栽培，但目前生产的规模化、标准化水平依然较低。

二、常见误区

1. 工厂化投资误区

国内投资灰树花工厂化栽培需要面对一次性引进或自力更生问题（图 12-2）。全盘引进存在不少问题，如资金方面，一条生产线动辄几千万元，甚至上亿元，近几年国内食用菌工厂化投资回报率不容乐观；市场方面，灰树花消费市场还很小，如果周年生产，每天供应鲜菇，市场能否顺利接受有待检验。

图 12-2　灰树花工厂化栽培

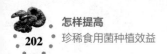

【提示】

　　国内有的厂家利用普通冷库进行工厂化栽培，由于没有空气的预先加温或降温、加湿或除湿所需设备，一般只能抽入未经处理的自然空气，因而调节空气湿度是个技术难点。需要指出的是，夏季库外空气湿热，而室内墙壁等环境干冷，在这种情况下抽进空气产生冷凝水而使库内湿度剧增，容易暴发红色链孢霉等杂菌。库内空气干燥时，采用加湿器或微雾降温，将水雾化成直径为3~30微米的雾滴，由于其迅速蒸发而大量吸收空气热量，然后将湿气排出室外从而降温，降温幅度为3~5℃。

2. 灰树花覆土栽培的双刃剑

　　目前采用覆土栽培较多，可以增加产量，便于管理；但子实体沾有泥沙，土壤中的农药残留和重金属会降低产品质量和商品价值；还需要占用大量土地，增加劳动成本和劳动强度。

3. 生产周期过长

　　常规品种后熟均较慢，从接种到生理成熟具备原基分化能力通常需要70~90天，在生产上生产周期过长、菌棒越夏烂棒风险大等问题突出，严重制约了灰树花的生产效益。原来第二潮出菇采用脱袋覆土模式，易感染杂菌引起烂棒，菇形不整齐，较难进行人为控制。

第二节　提高灰树花栽培效益的途径

一、掌握生长发育条件

1. 营养

　　人工栽培主要以阔叶树木屑、棉籽壳等作为主要碳源；利用天然含氮物质如麸皮、玉米粉、黄豆粉、米糠等作为氮源。为降低生产成本、提高经济效益，应根据当地资源条件就地取材，用玉米芯、亚麻屑、栗蓬、豆粕和花生壳、香菇菌糠、灰树花菌糠、园林枯枝等当地废弃物替代常规基质，也可以实现灰树花的良好生产。

2. 环境

　　（1）温度　灰树花为中温型真菌，菌丝生长温度为5~35℃，最适温度为 20~24℃。原基分化温度为 18~22℃，子实体生长发育温度为 13~25℃、最适温度为 15~20℃。适温范围内，温度低，子实体生长相对缓慢，菌肉变厚，颜色加深；较高温度下，子实体生长快，菌盖薄、质松、颜色浅。

（2）湿度　培养基最适宜含水量为 55%~60%，低于 55% 或高于 70% 时菌丝生长缓慢，并且生长不整齐。子实体生长发育阶段适宜的空气相对湿度为 85%~95%；低于 80%，子实体易失水枯死，尤其是幼小阶段对空气湿度更为敏感；超过 95%，往往因通气不畅而使菇体腐烂。

（3）空气　灰树花为好氧性真菌，子实体生长期对氧气的需求量比其他食用菌多，是目前所有菇类中需氧量最多的，每天需对流通风 5~6 次。室内难以满足出菇对氧气的需求，多在通风较好的室外进行出菇管理。通风不良，子实体菌盖畸形，开片困难；如果严重缺氧，子实体停止生长甚至霉烂。因此，调节通风和保温的矛盾，是生产管理的关键。

（4）光照　菌丝生长阶段对光照要求不敏感；原基分化时需较强的散射光或稀疏的直射光（光照强度为 200~500 勒）刺激，光照有利于加深菌盖颜色，减少畸形菇的发生。光照不足，子实体分化困难，并且多畸形，色浅。

（5）酸碱度　要求基质偏酸，菌丝在 pH 为 3.6~7.5 的培养料中均能生长，最适 pH 为 5~6。子实体生长发育阶段最适 pH 为 4。生长过程中，由于呼吸作用及代谢产物积累使培养基质酸化，灭菌前培养基质的 pH 应调高至 7.5。

二、选择适宜的栽培季节和栽培模式

1. 栽培季节

子实体的适宜生长温度为 18~23℃，可进行春秋两季栽培。

菌丝生长较慢，生产袋发满菌需 50~65 天，因此出菇期应安排妥当，使其生长处于 18~23℃的适温期内。生产中春栽应在 1~3 月制袋，4~6 月出菇；秋栽安排在 8~9 月制袋，10~12 月出菇。

2. 栽培模式

（1）林下小拱棚仿野生栽培　小拱棚以宽 6.4 米、长 30 米以下为

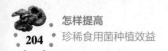

宜。棚顶用塑料薄膜全面覆盖,并加盖遮阳网,遮光度为"三分阳七分阴"(图12-3)。在拱棚内设高25厘米、宽120厘米、畦沟宽40厘米的栽培畦。在拱棚的四周开挖排水沟,水沟宽度与深度以能灌能排为准。

(2)双棚大畦栽培 搭建双层菇棚,外层高2.5~3米,长和宽根据实际情况决定,顶部和四周用茅草、树枝等遮阳;内层为宽6~7米,顶部高2~2.5米的塑料大棚(图12-4)。棚四周要有深50厘米的排水沟。棚内挖深约20厘米、宽约190厘米、长度根据场地决定的沟畦。

图12-3 灰树花林下小拱棚仿
野生栽培

图12-4 灰树花双棚大畦栽培

(3)大棚床式栽培 可采用蔬菜大棚进行床式栽培(图12-5)。

(4)工厂化栽培 不同于季节栽培,工厂化栽培是在完全人工创造的环境中进行培养管理(图12-6)。

图12-5 灰树花大棚床式栽培

图12-6 灰树花工厂化栽培

【提示】

　　灰树花工厂化生产存在开片不良、一致性差、产量低等问题，一直难以克服，长期以来制约着工厂化生产的发展。主要原因在于灰树花对出菇环境的要求远比其他食用菌苛刻，除了要控制适宜的温度外还要求十分充足的氧气和稳定的高湿环境，出菇管理上往往控制了温度却通气不良，加强透气又带来干燥、温度变化和强对流，增加喷雾又导致出菇位置积水。

三、选择适宜的栽培配方和拌料

1. 栽培配方

1）杂木屑 34%，棉籽壳 34%，山表土 10%，麸皮 10%，玉米粉 10%，红糖 1%，石膏 1%。

2）杂木屑 65%，棉籽壳 20%，麸皮 8%，玉米粉 4%，土 2%，石膏 1%。

3）杂木屑（细）60%，木屑（粗）20%，米糠 7%，玉米粉 3%，山表土（干重）10%。

4）粟木屑 45%，棉籽壳 35%，麸皮 7%，玉米 3%，山表土 8%，石膏 1%，蔗糖 1%。

5）杂木屑 70%，麸皮 20%，无菌肥土 8%，石膏 1%，蔗糖 1%。

6）杂木屑 70%，麸皮 20%，玉米粉 8%，石膏 1%，蔗糖 1%。

7）杂木屑 55%，棉籽壳 25%，麸皮 18%，石膏 1%，蔗糖 1%。

8）杂木屑 65%，棉籽壳 20%，麸皮 12%，石膏 1%，蔗糖 1%，碳酸钙 1%。

【提示】

　　不使用含胶合剂或防腐剂的人工板材生成的木屑，所储菌材放于阴凉通风处过夏收干，粉碎成细木屑装袋离地堆放，勿让雨淋和受潮。

2. 拌料

先把碳酸钙、石膏和蔗糖混合溶于水中搅匀，待拌培养料时均匀地泼洒入料中。将杂木屑、麸皮、玉米粉和棉籽壳干料混合拌匀，最后将各种培养料全部拌合在一起，逐渐加水，要反复翻拌均匀，培养料的含水量控制在55%~60%，pH控制在5.5~6.5。

【注意】

拌料要求达到"二均匀、一适宜"，即原料与辅料混合均匀、干湿搅拌均匀，含水量适宜。拌料时按照从小到大的原则，先将石膏粉与麸皮混合拌匀，然后顺次拌入玉米粉、泥土和木屑，最后拌入经预湿的棉籽壳，加入适量的水充分拌匀。

四、制作优质出菇菌袋

1. 栽培袋选择

侧面出菇方式，多采用厚0.04~0.06毫米的（16~18）厘米×（35~58）厘米聚丙烯袋或低压聚乙烯袋。正面出菇方式（图12-7），倾向于使用口径偏大的袋子，可以用口径为20厘米的袋子；使用18厘米×58厘米的栽培袋时也可采用大袋不覆土定点出菇方式（每棒开2个出菇点，出菇点距棒一端10厘米，出菇点直径为2厘米、深0.5~1厘米），装料40~45厘米。

图12-7　灰树花正面出菇方式

【注意】

所有与料袋发生接触的器具、车辆、场地等都必须进行软化处理，防止锐物或摩擦给料袋造成创伤微孔，招致杂菌感染。

2. 灭菌

装好袋后及时灭菌，可以采用高压灭菌，也可采用常压灭菌。高压灭菌一般在121℃下保持2小时，常压灭菌一般在100℃下保持8~10小时。

【注意】

栽培袋制作完成后不宜久放，当天装袋要当天灭菌，不能隔夜灭菌。

3. 接种

接种室、接种箱、培养室、出菇房在使用前要进行消毒，接种工具、接种人员的手一般采用 75% 的酒精擦拭消毒。采用打穴接种，在菌棒上用打孔棒均匀地打 3 个接种穴，直径为 1.5 厘米左右，深 2~2.5 厘米。打 1 穴，接 1 穴。接种口要压实、压平，接种要快，避免带入杂菌。接种后采用纸胶封口或套袋材料封口。使用接种室接种的，接种人员应采取防护措施，避免烟雾剂对人员造成伤害。

【提示】

注意菌种不要捣碎，否则影响菌丝恢复，直接掰 1 块菌种塞入穴内即可，不用贴胶布，接完种随即套入 2 丝（0.02 毫米）厚的 18 厘米 ×53 厘米聚乙烯套袋，袋口不要绑拧，折几下即可。因灰树花菌丝抗逆性较弱，菌丝萌发生长较慢，为取得较高的接种成活率，故菌种量要适当加大。

4. 培养

（1）菌袋摆放　两端接种，菌袋可以两端朝外整齐码放 5~7 层，开孔接种的可以"井"字形码放 6~8 层，注意不要压住接种孔，为了使室内空气流通良好，排列时袋子之间要相隔 3~4 厘米。高温时节套外袋接种的，前 7 天可纵横交替堆放 4~5 层，待菌丝绕孔封口长到直径达 5~6 厘米时（接种 10 天后），应褪去外袋并改"井"字形堆放 5 层以内。

（2）发菌管理　接种后的前 10 天，发菌温度应保持在 25~27℃，10 天后温度宜保持在 23~25℃，空气相对湿度保持在 60%~70%，二氧化碳含量不要超过 0.3%。发菌期间不需光照，否则光照会促使灰树花菌丝表面变褐（图 12-8）。大约经过 40 天菌丝发满菌袋，再经过 20 天后熟，用

图 12-8　灰树花菌袋发菌

50~100 勒的光照强度对菌袋进行光照刺激。当菌筒表面长成浓密的菌被、逐渐隆起，有少量菌筒形成原基时，表明菌袋达到了生理成熟，仔

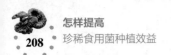

细观察原基，当原基上形成水滴，先为雾状水滴，然后为大粒水滴，至水滴消失时转入出菇管理最适宜。

【提示】

①灰树花有易形成原基的特性，接种 40~45 天后将大量形成原基，消耗养分而导致菇体发育缓慢。要想获得高产，必须抑制原基的过早、过多形成，尽可能发足菌丝积累营养。方法是采用黄光灯抑制灰树花原基形成，一般菌袋可推迟到 60~65 天后才形成原基，单产可增加 15%~20%。②出现黄水的主要原因是培养温度超过了 26℃，同时出现了缺氧、过度光照等问题。

五、出菇精细管理

1. 催蕾

适宜温度和光照刺激后 15~20 天，培养基表面隆起，顶部逐渐长大，并开始变为灰黑色，表面有皱褶状凹凸，分泌出浅黄色水珠，这就是灰树花原基，此时就进入了出菇管理阶段。

【注意】

培育优良菇体的关键是从发菌室移向出菇房时的原基状态，它比出菇房的条件更为重要。所谓原基状态，不单指原基大小，重要的是它所处的生长发育阶段。如果进入出菇房前已形成肥大的原基，并且已开始菌盖分化，以后就很难长成壮硕的菇体。总之，进入出菇房时原基必须尚未开始分化，其表面出现棱角，即刚由光滑状态转为粗糙状态。

2. 袋式出菇

（1）袋口出菇　将形成原基的菌袋移入出菇棚，保持温度在 20~22℃，空气相对湿度在 85%~90%，光照强度为 200~500 勒，约 5 天后除去套环、棉塞，松开袋口，直立于出菇层架上，袋口上覆纸喷水保湿，每天通风 2~3 次，每次 1 小时。出菇管理中期，菇体生长较快，要加大通风、增湿，保持光照，促使菇体充分生长（图 12-9）。至生长后期，温度降至 18~20℃，空气相对湿度降至 80%~85%。经 20~25 天管理，即可采收。

（2）**割口一次出菇**　将已生理成熟的菌筒用直径为 1.5 厘米的锋利的圆筒或刀片将菌袋割出直径为 1.5 厘米、深 0.2 厘米左右的圆口，将最顶层菌袋割口朝上（图 12-10），其他的割口全部朝内侧，呈"井"字形码堆，置于出菇棚内。堆码层数应在 10 层以内，然后在菌筒上方覆盖 1 层塑料薄膜，确保堆码内的湿度达 90%~95%，以利于原基的形成。遇到干燥天气时，应适时在堆码内喷雾增加湿度。当堆码内的子实体直径长到 2.5 厘米左右时，便可将堆码上的菌筒平行放置在畦面，此时每天应通风换气 1~2 次，防止二氧化碳含量过高增加畸形菇比例，并保持棚内空气相对湿度为 90% 左右。控制好温度、二氧化碳含量适合于灰树花子实体生长，确保稳产高产。

图 12-9　灰树花袋口出菇

图 12-10　灰树花割口出菇

【提示】

灰树花为恒温结实真菌，在菇体生长过程中，一旦遭到 8℃ 以下低温会停止生长。二氧化碳含量要控制在 100 毫克 / 升以下，这样可以保障子实体叶片的正常生长和打开。如果含量超过了这个界限，很容易出现紧缩情况，影响品质。

3. 覆土出菇（覆土二次出菇）

（1）**整地做畦**　选好栽培场地后，挖东西走向的小畦，畦宽 50 厘米、深 25~30 厘米，畦间距为 60~80 厘米，用作走道及排水。畦做好后暴晒 2~3 天，以消灭病虫害。栽培前 1 天，畦内灌 1 次水。水渗下后在畦面撒少许石灰，撒石灰的目的是增加钙质和消毒，石灰不用过多，否

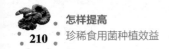

则会影响土壤酸碱度（图 12-11）。土粒直径以 0.5~2 厘米为宜。

图 12-11　灰树花覆土出菇

【提示】

　　挖畦尽量选择在透气性好、保水性强的壤土，土壤太黏重，出菇周期长，菇的个头小，数目少；当出现菌棒长短不一的情况时，可以视情形在菌棒底部垫土或适当加深土坑，务求畦内所有菌棒的顶端在同一个平面上。

　　（2）脱袋摆放　畦准备好后就可以进行脱袋栽培，菌袋运来后要尽快开袋栽培，防止菌袋长时间暴露在阳光下，脱袋入畦最好在晴天无风的早晚进行，脱袋前要先把手和所用的工具用 75% 的酒精棉擦拭消毒，防止杂菌污染菌棒。脱袋时用刀具将塑料袋剪开，取出菌棒，菌棒脱袋后要马上入畦栽培，菌棒要在每个畦内摆满，单层、直立、紧密地摆放，必须码放平整，因此要先用拉线定好高度再码放菌棒，保证摆放得平整。摆放时如果上面不平可以在菌棒的下面用土垫平。

【提示】

　　菌棒间留适当间隙，在菌棒缝隙及周围填土，表面覆上厚 1~2 厘米的土层。然后向畦内喷水，使土湿透，等水渗透后，菌棒缝隙出现，再覆第二层土，把缝隙填满后，菌棒上覆土厚 1~1.5 厘米，再用水淋湿，菌袋不外露即可，然后搭盖小拱棚，覆膜，盖草帘压牢。

（3）做护帮　摆满袋后在畦的四周做护帮，护帮就是在畦的四周筑1圈宽15厘米、高10厘米的土梗，先把塑料布的一边塞入菌棒与畦的间隙，另一边向上翻过来把土梗包起来，再用土压实。土梗的作用，一是为了防止侧面出菇时沾带泥土，二是防止畦外的水进入畦内。

（4）覆土　做好护棒后开始覆土，覆土要分两次进行，第一次先在菌棒间隙填满干净湿润的土，要把菌棒完全盖住，覆土厚约1.5厘米，然后浇第一次水，要将覆土层浇透，不要浇大水，防止菌棒浮起；水渗完后进行第二次覆土，进一步将菌棒间隙填满并保持菌棒上土层厚约1.5厘米，第二次覆土后再浇第二次水来调整土壤水分，要掌握少量多次的原则，在1~2天内将土层调整到适宜的湿度，以手捏独立成团不粘手为准。

【提示】

①用于覆土的土质含有机质要少，以壤土为宜，含水量为20%~22%，一定要呈粒状，否则会因透气性差影响原基分化与生长。②栽培灰树花2潮出菇也可采用遮阳网、编织袋、棉毡等代替土壤作为覆盖物，在菌棒大量出原基后掀去覆盖物，便于管理，菇体含水量降低，折干率提高，烘干成本降低。

（5）搭棚　覆土后畦面稀疏铺1层直径为1.5~2.5厘米的洁净石子，隔离菇体和土层。菌棒栽培完成后为保持畦内温湿度要开始搭棚，棚要略大于畦的面积，棚有拱形和坡形两种，为便于管理，棚高不要低于50厘米（图12-12）。坡棚的坡面要向南朝阳，坡面的塑料布直接落到地上用土压实，北面和两端的塑料布不用固定，可以随时打开便于通风换气、喷水、观察、采菇等管理，再

图12-12　搭棚

在遮阳棚上面压1层草帘子，可以起到遮阳保温的作用。

（6）出菇管理

1）出菇前管理。菌棒覆土后到灰树花出土之前的这段时间，可不考虑光照的强弱问题，主要是采用通风和浇水的方法控制好棚内的温湿

度。一般在覆土后 10 天不能浇大水，要根据土壤湿度每天适当喷水，将菇棚内空气相对湿度控制在 60%~70%，每天中午掀起棚北面和两端的塑料布通风 1~2 小时，温度保持在 10~15℃；覆土 10 天以后要提高棚内相对湿度至 70%~80%，每天中午通风 2~3 小时，温度保持在 15~20℃；预测将要出菇前的 7~10 天，要进一步提高棚内空气相对湿度到 80%~90%，温度控制在 20~26℃，每天通风

图 12-13　出菇前管理

3~4 小时，保持棚内空气新鲜（图 12-13）。

【注意】

①浇水要在畦面上画"Z"字形，避免大水将菌棒浮起，等水渗下后，再重新用土壤填平，重复 2~3 次，保证土壤沉实，并保证最后菌棒上方土厚 2 厘米左右。②春季地下水凉，采用地下水应该先将水抽至积水池晒 1~2 天使其升温；一次浇太多会造成菌棒温度急剧下降，菌丝发育停滞，待畦面覆土有大裂纹后几天，局部覆土现白时再浇水；水不轻浇，浇必浇透；浇水时，水更不能淹没原基。③喷水时的水量以将菌棒完全喷洒 1 遍为标准，喷头一定要背对原基或从侧面进行喷洒，不要直接对着原基喷洒，防止菌棒内部形成积水，造成原基腐烂。

2）出菇后管理。在菇蕾刚形成的这一阶段以喷水为主，出菇后每天喷水 3~4 次，棚内相对湿度控制在 80%~95%。菇蕾形成的初期要少通风，3~5 天后菇蕾进入生长期后要加大通风，每天早晚各通风 2 小时，通风要避免强风直接吹到菇蕾上。通气和保湿是相矛盾的，所以要结合湿度进行通风，低湿大风天少通风，浇大水前后、无风天多通风。除定时通风外，棚的两端要留有永久性的通风口，在干旱季节，要用湿草把通风口遮上，使畦内既透气又保湿。菇蕾形成后需要较多的散射光，形成初期棚内光照达到能阅读书报的程度；子实体生长阶段，光照强度可增至 300~500 勒，增加光照是为了使灰树花菌盖呈灰褐色以提高产品质

量（图 12-14）。气温低时晚上要盖严草帘和塑料布，在高温高热期要采取加遮阳网、喷水等措施降温，温度以 25℃左右为宜，空气相对湿度应控制在 85% 左右。喷水要勤、细、匀，防止覆土及菇表面干燥，使菌盖表面变为灰黑色，以提高商品质量。

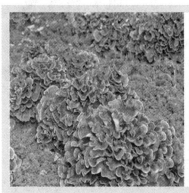

图 12-14　覆土出菇后管理

【提示】

　　小拱棚栽培时，温湿度，特别是温度极易受到外界天气影响（图 12-15），应在小拱棚顶部安装直径为 2.5 厘米的塑料软管，并搭配 1.5 千瓦水泵的简易微喷装置。遇晴天且气温超过 21℃时，中午就可利用微喷装置进行喷水降温（可降温 3~5℃）。

图 12-15　灰树花小拱棚栽培

（7）采收、转潮

1）采收时机。在适宜的温湿度条件下，从出现脑状皱褶到菇体长大成熟一般需要 15~18 天。当叶片充分分化，呈不规则的半圆形，以半重叠形式向上和四周伸展生长，形似花朵，叶片边缘已无灰白色的生长环并稍内卷、变薄，菌盖平展伸长、颜色呈浅灰黑色并散发浓郁香味时采收。

2）采收方法。采收前一天，将室内相对湿度降到85%左右，这样可以更好地防止采收损耗。采收时将两手伸平，伸入子实体基部，托着菇体轻轻旋动向上抬起，或用长柄剪刀沿泥土剪下。采收时轻拿轻放，防止碰损菇体，以免影响美观。采下的鲜菇用小刀削去菇体基部的培养料和泥土（图12-16）。

图12-16　灰树花采收

💡【提示】

　　针对子实体叶片比较脆、容易碎的特点，要格外地关注其采收工作。

3）转潮管理。1潮菇采收后，及时清理料面，停水养菌7天左右，以利于菌丝的恢复。棚内温度保持在18~20℃，出菇期处于高温季节，应以降温为主，注意白天加盖草帘遮阳。通风换气，每天早晚通风1~2小时，阴天注意加长通风时间，保持新鲜湿润的空气。然后开始进入下一潮出菇管理期。

（8）保鲜加工　在0~5℃条件下冷藏，鲜菇可贮藏5~7天，防止脱水即可。中期贮藏时，应该以2~3个菌盖为1组，从顶部往下撕开成缕，焯水杀菌杀虫卵后沥干冷却，装袋速冻。长期贮藏时，撕缕焯水后立即捞起烘干趁温装袋密封。烘干程度要达到手掰脆断，实测含水量在12%以内（图12-17）。

图12-17　灰树花干品

六、提前预防出菇常见问题

1. 黄腐病

【症状表现】　也称黄菌病，一旦发现，1~2天内就可将一朵灰树花子实体侵蚀殆尽，最后成为一堆黄色酱状物。

【发生原因】　①长期连作。②栽培场地环境不清洁。③使用了浅沟低畦矮棚，菌棒周围易积水。④未进行土壤消毒，菌棒排置覆土过早且湿度大，覆土过厚。

【防控措施】 ①水旱轮作，水淹田块可通过水生缺氧环境杀灭菌体及大量孢子，有效减少病原，减轻病害。②深沟高畦处理，确保菌棒周围不积水，使土壤相对湿度保持在 70% 左右，畦面处于湿而不渍的良好状态，可有效防止黄腐病的发生。③ 0.05%~0.1% 硫酸铜制剂拌料处理或 0.2% 硫酸铜制剂土壤浇施消毒。

2. 原基不分化、干燥、腐烂

【症状表现】 原基表面有分泌的水珠，表面干燥变黄或腐烂。

【发生原因】 ①菌袋失水过多，空气湿度不足。②没有调整好通风与湿度的关系，顾此失彼。③掌握湿度高低的时机不对。④光照强度不适，原基受到灼烤干枯死亡。

【防控措施】 查清病因后，要有针对性地调整好光、温、水、气的相互关系，使之相对平衡，原基受到阳光直射的地方及时遮阳。

3. 小老菇

【症状表现】 菇体过小，原基刚分化，菇体就老化而不能生长或生长缓慢，叶片小而少、内卷，边缘钝圆，内外均有白色的多菌层、菌孔，呈现严重老化现象，6~8 月高温季节较多见。

【发生原因】 ①菌袋内原基直接分化而来，总体效应还未形成，营养来源供应不足。②营养不良，菇体缺氧。③未掌握成熟标准及时采收，人为造成老化。

【防控措施】 加强通风，降低温度，适当增厚覆土，及时采收。

4. "鹿角菇"和"掌形菇"

【症状表现】 菇体呈白色，形似鹿角，有枝无叶或小叶如指甲，或紧握如拳，这类畸形菇极易老化，气味差，商品价值低。

【发生原因】 ①光照不足。光线不仅影响菇体颜色，而且直接影响气味浓淡和菇体形态及生长速度。②不良气味影响。

【防控措施】 根据出菇场地和菇体形态适当增加光照时间和增强光照强度，在炎热天气，早晚要延长通风时间，尽可能地避开特殊气味的刺激。

5. 白色菇、"黄尖（面）菇"

【症状表现】 白色菇菇体完全呈白色，质脆，味淡（彩图 19）。"黄

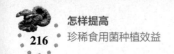

尖菇"菇体叶片的正面黄色边缘上卷。

【发生原因】 主要是光照的时间和光照强度不当；温度过高。

【防控措施】 此症易防难治，根据症状不同白色菇应增加光照时间、增强光照强度；"黄尖菇"强化遮阳管理，发现叶片边缘变黄时应及时补水，叶少多通风。

6. 烂菇（包括原基和成菇腐烂）

【症状表现】 原基和菇体部分变黄、变软，进而腐烂如泥，并有特殊的臭味，多发生在高温、高湿、多雨季节。

【发生原因】 通风不良，菇体感染病虫害或机械损伤，老出菇生产场地多发。

【防控措施】 ①选择通风向阳，离杂菌源远的新出菇场地。②适时补水通风。③发现病原组织，及时进行无害化处理，对其他病虫害要及时早处理，清除畦内杂物和碎菇根、烂菇等。

第十三章
提高大杯伞栽培效益

第一节　大杯伞栽培概况和常见误区

　　大杯伞（*Clitocybe maxima*）属层菌纲伞菌目口蘑科，又名猪肚菇、笋菇、大杯蕈（彩图20），自然野生于5~10月的林中地上或腐枝层，是一种木腐性土生菌，主要分布于我国山西、河北、内蒙古、吉林、浙江、福建等地区，以及日本、欧洲、北美等。

　　大杯伞味道鲜美，香味独特，干品比香菇的香味更浓香。子实体营养丰富，大杯伞子实体（菌盖）蛋白质含量为26.4%，高于香菇等木生菌，而低于双孢蘑菇和草菇；碳水化合物含量为56%、粗纤维为6.4%、粗脂肪为7%、灰分为4.2%。大杯伞以其丰富的营养、脆嫩的质地、宜人的口感、独特的风味和优良的外观，以及竹笋般清脆、猪肚般滑腻，深受广大消费者的青睐。菌盖中的氨基酸含量和粗脂肪的含量都很高，还含有人体必需的钴、钼、锌等矿物质，这些微量元素具有调节人体营养平衡、促进新陈代谢、提升人体机能等作用，这些是其他元素不可替代的，对人体健康十分有益。

一、栽培概况

　　在我国，大杯伞最早由福建三明真菌研究所从野生菌中分离驯化，是近几年开发的珍稀高温型食用菌新品种。其子实体群生或单生，呈杯状或浅漏斗状，肉肥厚，柄粗，清脆爽口堪比野生松乳菇，形似猪肚，营养丰富，鲜品货架时间长，是夏季栽培的高温型优良菌株。它适应能力特强，性状稳定，抗杂菌，易栽培，栽培原料来源广，管理比较粗放。目前福建、浙江、上海、山东等地区均有人工栽培，规模日趋扩大。

　　适于上市鲜销，也可加工成各类食品。鲜销的大杯伞，可保鲜10~15天，可炒、可炖、可煮汤，不管配什么料或用什么方式做都好吃。

加工方式也有很多种，可制成罐头食品，可烘干制成干制品，可腌制加工成调味配料，可油炸加工成膨化食品，也可作为其他食品的佐料等。大杯伞为广大消费者喜爱，有着极其可贵的利用价值，是有很好栽培前景的珍稀食用菌新品种。

二、常见误区

1. 设施简单

传统模式是自然季节的大棚单层地栽（图 13-1）和层架床栽，地栽占地多，用工多，污染连片不易控制。栽培环境也较难控制，造成质量不稳定，所以价格不高，效益较低。

2. 菌柄浪费严重

采收大杯伞子实体时，一般仅留 1厘米长的菌柄。大杯伞菌柄中虽然含有较高的蛋白质和其他营养成分，但由于其纤维化程度高，降低了食用品质。采收后粗加工时，将子实体多余

图 13-1　大杯伞大棚单层地栽

的菌柄剪去，成为下脚料。粗一点的菌柄，部分去皮、晒干、粉碎，作为其他农产品加工的佐料，部分作为猪等家畜的饲料。相当大部分的生物量不能利用，资源浪费严重。

【提示】

　　大杯伞菌柄外皮、菌柄内茎和菌柄粉中，甲硫氨酸含量最高，谷氨酸其次，胱氨酸最低，因此菌柄具有高附加值，作为膳食营养食品的资源潜力大。

第二节　提高大杯伞栽培效益的途径

一、掌握生长发育条件

1. 营养

大杯伞分解纤维素、半纤维素、木质素的能力较强，人工栽培对生

长营养源无专性要求，能利用葡萄糖、蔗糖、淀粉，但不能利用乳糖；可在木屑、甘蔗渣、棉籽壳、稻草等培养料上正常生长；需要充足的氮源，能利用氨态氮和蛋白胨，但不能利用硝态氮；适当添加麸皮有利其生长，氮源相对充足有利于提高产量。

【注意】

　　①收集木屑时要注意，木材加工中为了防止木料变形会用草酸浸泡木材，然后再烘烤定型，这样的边材碎屑养分受到破坏，用于栽培效果不好；杂木屑中还免不了夹杂松、杉、樟等木屑，要在使用前挥发芳香味，可在太阳下暴晒。②由于杂木屑质地不纯，常混杂有害成分（如单宁、树脂等），因此新购买来的杂木屑应进行预处理，先堆在室外定时向料堆喷淋清水，使杂木屑中有害成分挥发或降解；一般杂木屑在室外预处理 2~3 个月为宜。

2. 环境

（1）温度　菌丝在 15~30℃均能正常生长，生长适温为 26~28℃，超过 40℃会死亡；子实体分化及生长温度为 22~35℃，高于菌丝生长温度，属于高温出菇的菌类，低于 22℃子实体难以分化和生长。子实体形成不需温差刺激，这是大杯伞与其他食用菌的最大不同之处。

（2）湿度　大杯伞是喜湿性菌类，培养料含水量以 60%~65% 为宜，含水量低，菌丝生长受到明显抑制。适宜空气相对湿度为 85%~90%，低于 80%，菌盖表皮出现龟裂等异常现象，影响商品性；而高于 95%，原基及子实体容易腐烂。

（3）光照和通风　菌丝生长无须光照，但在完全黑暗条件下子实体原基不能形成，光照不足则原基不能分化，原基分化比原基形成需要更强的光照；在微弱光下原基长成细长棒状，只有光照充足时棒状的原基才分化发育长出菌盖。因此，菇房必须光照充足，但不可有直射光。

（4）空气　与其他食用菌不同，其原基形成需要一定浓度的二氧化碳刺激，否则不易形成。栽培中必须覆土，以利于二氧化碳在料表层积累。当原基膨大成棒形后，需要充足的氧气才可分化。棒形期以后菇房要通风充足，以促进子实体原基的分化和幼小子实体的生长。

（5）酸碱度　生长环境要求偏酸性，菌丝生长适宜 pH 为 5.1~6.4，菌丝生长快，并且可形成子实体原基。覆土材料 pH 以 6 左右为宜，不能用碱性土壤覆盖。

二、选择适宜的栽培季节和栽培场所

1. 栽培季节

由于子实体发生的温度范围为 22~35℃，菌丝生长温度范围为 15~30℃，自然条件下，春季气温回升到 22℃前 40~50 天制袋为宜。各地可依据本地温度合理安排栽培季节，一般安排在 3~5 月制袋，6~10 月出菇。有加温条件的菇房可提早接种，采收期也可适当延迟。

2. 栽培场所

（1）室内栽培场地

1）闲置蔬菜大棚。蔬菜大棚外层要加稻草或其他遮阳物，使棚内达到"三分阳七分阴"的遮挡效果。使用前先将菇棚内外打扫干净，杜绝杂菌和虫卵。菇床整理成宽 100 厘米、高 15 厘米、长度不限的小畦，每畦须用竹条、农用薄膜搭建成小拱棚。

2）闲置双孢蘑菇菇棚。可利用闲置的双孢蘑菇床架，也可搭建宽 120 厘米、距地面 30 厘米、层距为 60 厘米、顶层距天花板 130 厘米、床架之间距离 80 厘米的出菇床架（图 13-2）。出菇房应有 5~8 个相对的窗口，以利通风透气。出菇前室内应充分消毒，并喷洒杀虫剂予以杀虫。

图 13-2　大杯伞床架栽培

（2）室外栽培场地

1）林地拱棚。在林地可用遮阳网搭建高 2 米、遮阳率为 70% 的荫棚。每亩撒生石灰 25 千克进行表土消毒，然后翻晒、耙平，做成宽 1.2 米、深 20 厘米、长度因林地确定的畦，畦面撒石灰粉消毒备用。场地四周开排水沟，沟深 30 厘米。沿每畦两侧插弓形竹片，竹片间隔 90 厘米，弓的最高处距畦面 180 厘米，竹片上盖上塑料薄膜。

2）小拱棚。畦面宽 100~120 厘米、沟深 15 厘米、长度不限，菇床以南北走向为佳。在畦的表面搭盖弓形小拱棚，棚高 0.4 米左右为宜。

棚的支架可用竹片，上面盖薄膜。薄膜一边用土压实，另一边固定以便管理。棚顶盖草帘，棚架两侧保持透光，光照强度为 500~1000 勒。

【提示】

　　大杯伞出菇期正值高温高湿的夏季，为了减轻病虫害的发生，选址要远离污染源，如垃圾场、禽畜场等，并要事先做好消毒和灭虫处理。

三、选择适宜的栽培配方

1）棉籽壳 40%，杂木屑 40%，麸皮 18%，糖 1%，石膏 1%。

2）棉籽壳 40%，杂木屑 40%，麸皮 14%，玉米粉 4%，糖 1%，石膏 1%。

3）杂木屑 39%，棉籽壳 39%，麸皮 20%，糖 1%，轻质碳酸钙 1%。

4）杂木屑 50%，稻草 28%，麸皮 20%，糖 1%，轻质碳酸钙 1%。

5）杂木屑 39%，棉籽壳 34%，麸皮 22%，玉米粉 3%，糖 1%，轻质碳酸钙 1%。

6）棉籽壳 48%，玉米芯 40%，麸皮 10%，石灰 1%，石膏 1%。

7）杂木屑 39%，棉籽壳 39%，麸皮 20%，糖 1%，轻质碳酸钙 1%。

8）杂木屑 30%，棉籽壳 30%，稻草 19%，麸皮 19%，糖 1%，轻质碳酸钙 1%。

四、制作优质出菇菌袋

1. 拌料、装袋

棉籽壳提前 1 天浸湿摊开，第二天按配方把预湿的棉籽壳、杂木屑调湿，然后将麸皮、玉米粉、轻质碳酸钙、石膏等辅料与预湿的主料混合拌匀，再将糖溶入，含水量控制在 65%，pH 调至 7.5~8，装入 17 厘米 ×33 厘米 ×0.005 厘米的聚丙烯栽培袋。

2. 灭菌、接种

（1）灭菌　常压锅内 100℃下保持 8~12 小时灭菌。将冷却的菌袋置于接种箱（室）内按照无菌操作规程接种。

（2）接种　将菌种捣成花生米大小，尽可能将菌种布满料面，菌种萌发即可封面，降低污染概率，提高菌袋成品率。

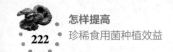

3. 发菌

采用层架式发菌,将菌袋逐层立式放置在培养架上,整个发菌期间应避光通风。开始温度控制在 23~25℃,后期控制在 20℃左右;发菌前期空气相对湿度控制在 60%~65%,后期控制在 55%~60%。前期关闭门窗,避免室内温度波动幅度过大;后期应加强通风透气,保持室内空气清新。分别于菌丝长满袋长的 1/3、4/5 时进行 2 次检查,剔除污染或生长不正常的菌袋。

正常情况下,40~50 天菌丝可长满菌袋。菌丝长满栽培袋 10 天左右,气温稳定在 20℃以上可开袋出菇。

【提示】

发菌重点是调控温度与通风,防止烧菌及杂菌感染,做到勤翻、勤检查,发现问题及时解决。

五、出菇精细管理

1. 覆土准备

覆土要求团粒结构好,吸水、保湿性能好,有一定肥力,不带污染源。覆土材料要求用清洁、疏松的菜园土、田土,选用地表 20 厘米以下无杂草、无砂石且前茬未种过食用菌、透气性良好、疏松的壤土或黏壤土,将打碎过筛的壤土加 1% 石灰混拌均匀,土粒直径为 1.5~2 厘米。使用前应先将覆土置于太阳下晒至发白,然后用水调节土粒湿度,以土粒捏扁而不散为宜。再喷 5% 甲醛,盖上塑料薄膜熏杀 48 小时,掀膜待药味散尽备用。

图 13-3　大杯伞小袋内覆土栽培

2. 开袋覆土

(1)小袋内覆土　打开袋口,清除表面原基,竖直排放于畦面。袋内覆土 2 厘米厚,卷下高于覆土的塑料袋,覆土略低于袋口边缘(图 13-3)。喷水保湿,

15~25 天开始出菇，温度较高时会提前出菇。袋内覆土产量稍低，但菇体大小均匀，并且省工省时，管理方便，也适宜于规模化生产，但要防止袋内积水。

【提示】

　　袋内覆土在出第一潮菇时菌棒养分充足，出菇齐，朵形好，商品价值高。随后菌棒养分不足，出菇不齐，朵形外观差，对商品出售不利。一般采用分段出菇法，采用分段出菇有利于菌棒剩余养分的充分利用，方法是在袋内覆土出完第一潮菇后采用脱袋覆土，并且菌棒无间隙，可使菌棒间串菌集中养分，以提高后期的产量和质量。

　　（2）大袋内覆土　采用菇棚内地面摆袋栽培法，栽培容器为聚乙烯大栽培袋，规格为 47 厘米 × 50 厘米，每个大袋内放 5 个小袋，每个小袋装干料 0.4 千克，每个大袋装干料 2 千克（图 13-4）。在棚内地面及其四周撒上一层石灰粉，将发满菌丝的菌袋用 1% 高锰酸钾溶液浸泡，脱去聚丙烯塑料袋膜，将菌棒竖排在聚乙烯大栽培袋中（提前在袋底扎 6~10 个孔，利于排水），菌棒之间留 3~5 厘米空隙，用消毒处理的土壤填满，表面覆土高出菌袋 2~3 厘米，然后浇透水，再用含水量为 65% 左右的覆土填平、覆匀，整个覆土层厚 3~4 厘米。

图 13-4　大杯伞大袋内
覆土栽培

　　（3）脱袋覆土　菌丝长满袋时或小袋覆土已出 1 潮菇的菌袋，把没有污染的菌棒剥去塑料袋，排放在整好的畦或床架上，菌棒间隔 2~3 厘米，然后覆土 3 厘米厚。填土时先填周边后填中间，先填细土后填粗土，喷水保湿，并对菌棒露出的地方补上覆土。若菌棒排放无间隙，菌棒之间会串菌集中养分，易使第一潮形成 500 克以上的大型菇朵，对销售是否有利要看当地市场。大杯伞脱袋覆土产量略高，但菇体大小不均，大菇较多，包装、销售困难。

3. 覆土后管理

　　覆土后保持环境温度为 25~30℃，空气相对湿度为 80%~90%。保持土壤充分湿润，如果土层太干，菌丝爬土慢，要减少通风，适当向地面喷水；如果土层太湿，必须及时通风，并加大通风量，促使菌丝尽快吃土。为保持土壤湿度，可在覆土表面覆盖报纸或草苫，每次喷水时将报纸或草苫喷湿即可。一旦发现原基形成，及时去除报纸或草苫，加强通风换气，促使原基分化，进入出菇管理阶段。

4. 催蕾

催蕾期间，需8℃以上的昼夜温差刺激，有利于原基分化和菇蕾形成。覆土后10~15天，土面上就会冒出棒形原基，菇蕾形成后，菇棚温度保持在28℃左右，喷水保湿（不能直接向袋口喷水），菇棚空气相对湿度保持在85%~90%。气温在26℃以下时，白天将菇棚四周的薄膜、遮阳网、天窗及前后门帘等覆盖好，以提高棚内的温度。菇蕾生长期间要适当加大喷水量，并结合喷水加大通风换气，保证棚内有充足的新鲜空气，以利于子实体的生长发育（图13-5）。幼蕾期菇棚内空气相对湿度要保持在80%~90%。

图 13-5　大杯伞各发育阶段

5. 出菇管理

注意菇房环境卫生，要特别注意防霉防虫，可定期在菇房外围喷洒敌百虫、敌敌畏等杀虫剂。若菇房内发生害虫，可采收后喷洒二嗪农800倍液或溴氰菊酯3000倍液后密闭24小时。保持菇房空气新鲜，切忌长时间高温，以预防霉菌滋生（图13-6和图13-7）。

图 13-6　大杯伞层架出菇管理

图 13-7　大杯伞覆土出菇管理

（1）温度管理　可通过对菇棚（房）早晚关闭门窗，盖密薄膜保温，中午打开通风换气并结合喷水。如果气温过高则要早晚开门窗通风降温，中午关闭门窗以避暑，还可采用空间喷水降温等措施，出菇期要求菇房内气温保持在 25~30℃。温度低于 22℃不易出菇，可加盖塑料小拱棚升温保温。

（2）湿度管理　一般通过覆土层喷水调节土层的湿度，随着子实体的生长发育，要逐渐增加喷水次数。喷水量根据菇的大小、覆土湿度和天气情况具体掌握，菇多多喷、菇少少喷；晴天多喷，阴天少喷。出菇期间保持土壤相对湿度在 65% 左右，菇棚内的空气相对湿度要保持在 85%~95%。切忌向子实体上喷水，以免菇体发黄，品质下降，严重时会感染霉菌、细菌致死。湿度不够，可向荫棚上喷雾状水或向地面浇水，以提高空气湿度，减少蒸发。

（3）光照管理　可通过调整大棚顶部遮阳物的厚度、门窗加挂黑纱等措施调节。子实体生长期间应避免强光直射，适当增加散射光，促进子实体正常生长发育，适宜光照强度为 500~800 勒。盛夏光照强，覆盖物应厚；而初夏深秋则应摊薄菇棚覆盖物，增加光照，提高温度。

（4）通风管理　通风不良不利于子实体生长，易出现畸形，失去商品性并影响产量。子实体生长阶段通微风，禁止通大风，防止土面及子实体失水。灵活掌握通风时间，低温和大风天气通风小一点，高温阴雨天气通风大一点；禁止喷关门水，静止的高湿环境会妨碍子实体生长。

6. 采收

子实体八九成熟、呈漏斗状、边缘内卷、孢子未弹射时应及时采收（图 13-8）。采收前一天应停止喷水，采收时紧握菌柄基部，轻轻旋起，将土中的菌柄一起拔出（避免菌柄在土中腐烂招致病虫害发生），并及时清理带土部分（用剪刀在土面洁净的菌柄处将菇体剪下即可），否则泥沙落入菇朵各个部分，影响销售和食用。

图 13-8　大杯伞采收期

7. 转潮管理

子实体采收后要清理料面，剔除老化菌丝和残留菌柄，采菇穴用土补平，停止喷水 3~4 天，降低土层含水量，改善通气状况，恢复菌丝生长。然后重新喷水，保持土层湿润，调整温度、湿度、通风等环境条件，直至下潮菇发生。喷水时注意通风，不能喷闷水，水不能灌入菌丝内。整个生长发育期可采收 3~4 潮菇，每潮间隔 20~30 天，总生物学效率可达 80%~120%。

8. 螨害防控

大杯伞一般不发生虫害，若发生虫害则以螨虫为主，主要是由土壤消毒不彻底造成。螨虫繁殖力强，以取食菌丝为生，一旦感染螨虫，菌丝即萎缩，直至被吃光或死亡，导致绝收。

螨虫躲藏在培养基和覆土中，难以根除，因此必须以预防为主。栽培场地远离畜禽饲养地、粪堆、臭水沟等虫体寄生源，选择周边环境整洁的地方；覆土消毒要彻底；及时清理废弃料袋及残菇，保持栽培场地整洁干净；栽培场地如果发现螨虫，可用 25% 菊乐合酯 2000 倍液喷洒料面及整个菇棚，注意喷药前将子实体全部采收，以免产生药害和药残。

9. 保鲜加工

（1）保鲜　采用气调法、冷冻法等技术对大杯伞子实体进行保鲜，用托盘定量分装出售（图 13-9）。

（2）烘干　大杯伞不仅香味浓郁，而且含有较高的营养成分，可以将大杯伞子实体烘干、粉碎，作为食物的佐料使用。

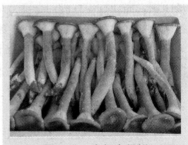

图 13-9　大杯伞保鲜

（3）即食食品　菌柄中虽然含有较高的蛋白质和其他营养成分，但由于其纤维化程度高，降低了直接食用品质，可以采用真空油炸技术加工成即食膨化休闲食品。

第十四章
提高榆耳栽培效益

第一节　榆耳栽培概况和常见误区

榆耳（*Gloeostereum incarnatum*）属担子菌亚门非褶菌目皱孔菌科黏韧革菌属，别名榆蘑、肉蘑等（彩图21）。《中国大型真菌原色图鉴》中称其为榆耳，为肉色黏韧革菌；《中国食用菌》称其为榆射脉菌、胶韧革菌、黏韧革菌；《中国药用真菌图鉴》中称其为射脉菌。地方民间俗称分别有：黄淮地区称榆耳、榆蘑、榆树蘑菇；东北地区称为沙木耳、榆黄木耳、榆耳菜等。因常生于湿度较高、较暗的阴坡、山沟和沟塘条件下枯死的榆树干或伐桩上，故名榆耳。

榆耳是珍贵的食药兼用真菌，味道鲜美，营养丰富，其蛋白质含量为20.99%，介于动物与植物之间，是一种高蛋白质低脂肪的食品；代谢产物可抗产气杆菌、绿脓杆菌、大肠杆菌及金黄色葡萄球菌等；并能补益、和中、固肾气、利尿道，可用于补虚、疗痔、泻痢（对肠炎沙门菌的抑制作用尤为明显）等肠胃系统疾病。另外，榆耳提取物营养丰富，可作为各类保健品、功能性食品的添加原料。

一、栽培概况

野生榆耳仅分布于我国东北三省、山东、甘肃、新疆和日本的北海道等地区。近年来，辽宁本溪市、抚顺市和铁岭市，吉林四平市，黑龙江东部及山东鱼台县是榆耳人工栽培的主产区，目前以吉林四平市叶赫镇和山东鱼台县为主。

根据榆耳的特征特性、生长及采收季节不同可分为春茬榆耳和秋茬榆耳。因春季和秋季的气温对榆耳的生长相对较为适宜，空气湿度相对适合，榆耳的生长速度虽慢，但肉质较厚，质量好。

人工栽培榆耳，所用菌种可购买商品栽培菌种或向前推 40~50 天自行扩繁栽培种。东北地区一般 3 月中下旬开始准备原料、制作栽培袋及接种、发菌等，4 月底~5 月上旬催耳，5 月底~6 月采收；黄淮地区春茬榆耳生产一般在前一年的 10 月中旬~11 月上旬进行菇棚搭建或完善旧菇棚、备料、制作栽培袋、接种、发菌等，第二年 2 月下旬当外界气温稳定在 10℃以上且菇棚内温度保持在 18℃以上时进行上架、开袋和催耳管理等。秋季栽培应当在外界气温低于 30℃时接种。

【注意】

东北地区种植秋茬榆耳，由于榆耳出耳期间外界气温过低，因此不适于扩大发展。

二、常见误区

1. 栽培季节选择误区

（1）栽培季节盲目提早

1）春季偏早。为实现榆耳产品提早上市，部分生产者在 10 月就开始蒸料灭菌、制作菌包，11 月初接种，12 月中下旬榆耳出耳时正遇上严寒天气，此时菌包内的菌丝吃料完毕，分解产热较少，菇棚内温度过低，导致菌包受冻而影响出耳。

2）秋季偏早。以黄淮地区为例，部分生产者在 6 月就开始制作菌包，7 月发菌期间正遇上 35~39℃的最热天气，并且菇棚材料温度均较高，虽然可通过空调等降温处理，但空调降温处理后，棚室内空气相对湿度往往偏低，致使菌包内失水过快，导致后期出耳失败或严重减产。

（2）栽培季节盲目推迟

1）春季推迟。部分生产者受生产原材料、资金、人力、设备安装、栽培场所、菇棚建造等影响，已明显错过生产季节，但匆忙上马生产，容易出现发菌时间不足、菌丝未完全吃料、杂菌感染等问题，影响中后期生产管理。

2）秋季推迟。这种现象多在黄淮及东北地区出现。秋季生产安排过迟，容易导致后期出耳期间不能保证所需温度，即使采取加温措施，但耳片成熟后需见光上色，致使菇棚内温度明显偏低，不适于后潮耳生长，出现耳片未长成、小耳片占多数的情况，品质、产量均受明显影响。

2. 生产场地选择不当或菇棚构建不合理

（1）生产场地选择误区 部分生产者认为榆耳生长喜欢阴凉潮湿的环境，因此将生产场地选在常年背阴处，结果子实体（耳片）生长阶段，需要的光照和干燥环境难以达到，导致生长不良、品质不佳或产量不高。另有生产者将生产场所选在上风口位置，目的是为出耳期提供通风、干燥等便利条件，结果在冬季菌丝发菌阶段，由于风力过强或多风影响，难以保证发菌所需要的基本温度，导致发菌不良、减产、减收等现象产生。

（2）菇棚建造误区

1）菇棚走向不科学。菇棚南北走向布局可实现棚内东西部受光均匀，在出耳期较为重要。对于坐北朝南、东西走向的大中拱棚，北部长期光照相对较弱，易导致同一棚内菌包发育进度不一致，无法统一管理。即便是坐北朝南的日光温室，由于北部具有东西向的墙体，冬季保温性虽好，但春、夏季出耳期间北部通风不便，也易导致同一棚内出耳不均匀现象。

2）菇棚构造不合理。部分生产者为容纳更多的菌包，将菇棚建设得过宽或过高而导致菇棚结构不合理。菇棚过宽，冬、春季存在降雨、降雪压塌棚体的危险，同时中后期通风不便；菇棚过高，由于上下空间较空旷，发菌或出耳阶段容易出现上下部温差较大、不利于管控的局面，导致生产管理难度增加或减产。

3. 原料使用误区

（1）原材料质量把关不严、选择不当

1）棉籽壳、玉米芯。①杂质较多：原料中掺杂有棉花三丝、玉米苞叶、泥土、砂石或其他杂质，影响菌丝吃料和生长。②含水量高：部分不法商贩为追求利益，对运输途中的棉籽壳、玉米芯等原料喷水，形成外干、内湿的表象，购回后若不及时使用，会出现霉变、发酵及杂菌感染等现象，影响生产。③隔年陈料掺混：存在当年新料与隔年陈料混掺现象，生产中尤其是菌丝吃料发菌阶段，表现为菌丝生长不良或杂菌较多等。

2）木屑。①木屑过粗或过细：木屑形状不规则，呈长方形、三角形、圆锥形或多棱形等，粗的直径超过 1 厘米，细的不足 0.1 厘米，大小不匀，装袋时会刺破栽培袋壁，导致杂菌发生。②木屑来源不一：原料中掺有杨树、法桐、白蜡或其他树种的木屑，导致菌丝吃料时生长细弱或其他生长不良现象发生。③木屑原料中杂物较多：如碎石、泥土、细砂、杂菌残留物、有毒有害化学物质等混入其中。④经雨水淋溶后变色、发霉或变质等。

3）麸皮、米糠。①掺杂使假现象：部分不法商贩将粗米糠粉碎后加入米糠或麸皮之中，更有甚者将稻壳粉碎后加入其中以次充好，这种原料营养成分含量较低，使用会造成减产严重。②高温发酵变质现象：在麸皮、米糠加工出来之后，应该先晾晒 1~2 天，再装袋贮藏，若立即装袋，在含水量偏高的情况下会出现高温发酵现象，导致麸皮、米糠等变质、发霉，营养成分损失，影响生产。

【注意】

重点观察米糠中有无稻壳粉掺入其中，麸皮中有无发霉、变色或变质的陈料掺入其中。米糠中若加入稻壳粉会表现为整体颗粒较细，稻香味不浓或无香味；麸皮中加入陈料，多呈现颜色不一致，闻起来有轻微的霉味。

4）石灰。①熟石灰代替生石灰：为图方便，直接购买熟石灰掺料、拌料，生石灰洒在料面上与水结合后不仅会产生大量的热，还会生成强碱性的氢氧化钙，对原料中的杂菌有消杀的效果。②错购了碎石粉当作石灰，失去效果，影响生产。③购买的生石灰杂质较多，影响效果，对培养料 pH 的调节作用减弱。

【提示】

配料时粗木屑要求粉碎颗粒直径为 0.4~0.5 厘米，不超过 0.6 厘米，细木屑要求粉碎颗粒直径为 0.2~0.3 厘米，不低于 0.2 厘米；棉籽壳粉碎颗粒直径应为 0.2~0.3 厘米；麸皮、米糠、玉米粉或黄豆粉等应以新加工的产品为佳；所用石灰为生石灰，块状的用碎石机打磨成石灰粉。

　　若生产规模相对较小，对于木屑、玉米芯、麸皮或米糠等原材料，建议与原料生产者直接进行对接选购，这样不仅可以详细了解原材料生产及加工等情况，还可以避免中间商掺杂使假或乱加价等现象。若生产规模较大，需求原料数量较多时，建议配置专职人员采购，质检员把关或与信誉较好、质量稳定的厂商合作。若在市场上自行采购，对原材料首先应依据生产经验进行仔细判别、观察，可事先携带自备的标准原料样本比对后选择。

　　（2）配料不科学

　　1）配料方法不合理。为省事直接将主料、辅料与水一并掺混，往往会因为石灰与水相遇时发生剧烈反应而导致部分原料变性或受损，失去营养价值或转化为菌丝难以吸收利用的成分，在生产中后期，尤其是子实体形成和生长期，导致培养料营养缺乏或中断现象。

　　2）麸皮、米糠、黄豆粉等添加过多。部分菇农添加麸皮、米糠、黄豆粉等辅料过多，造成碳氮比失调，营养过剩，结果表现为菌丝发菌前期生长快，但仔细观察会发现菌丝体细弱且菌丝老化较快，往往是子实体还没长成，菌丝体就已开始老化收缩，造成耳片中后期生长停滞、减产，甚至烂耳等现象发生。

　　3）过量使用石灰。为减少培养料中杂菌的发生，部分生产者喜欢加入过多的石灰，误认为多加石灰不仅可以提高培养料的pH，中和菌丝生长中分泌出的酸类排泄物，减少培养料酸化，还可以更好地杀菌消毒。这样做发菌期间杂菌较少，但往往会导致榆耳菌丝体不萌发或生长不良。

【提示】

　　配制培养料时加入合理比例的石灰，目的就是在蒸汽灭菌前防止细菌繁殖，保持培养料不变质，同时调节培养料的pH至合理水平。石灰在拌完料短时间内遇水受潮后，会起化学反应生成碱性的氢氧化钙，若石灰加入比例合理，一般接种菌种时pH就可以转变为中性，基本不影响菌丝体生长发育。但过多的石灰会因为转化时间延长，或在接种后菌丝萌发时培养料仍然呈较强碱性，导致菌丝不萌发，甚至死亡。

4. 菌包制作误区

（1）培养料含水量偏高　容易导致蒸汽灭菌不彻底；袋内含水过多、空气较少，会因缺氧、高温、透气不良等，致使菌丝吃料不正常，生长发育不良，最终可能出现菌丝死亡或菌包酸化等不良现象。

（2）菌包的裂隙或微孔处理不及时　菌包存在裂隙或微孔的原因主要有：塑料袋质量不合格或质量太轻、壁太薄；装袋时人工手摁或装袋机冲压过大；原料粉碎不彻底，颗粒较大，刺破袋壁；转运过程中碰撞尖锐物体。有裂隙或微孔的菌包，发菌时容易遭受杂菌感染，导致生产受损或失败等现象。

（3）粗、细料搭配不合理　粗料过多、细料过少可以增加菌包内的含氧量，但发菌阶段容易出现菌丝吃料断层或截线现象，影响发菌效果（图14-1）。粗料过少、细料过多的菌包料袋结合较为紧密，但空间含氧量较少，在发菌中后期会出现菌丝因缺氧而停滞吃料的（闷菌）现象。

（4）料柱松紧不均匀　多出现在手工装袋或半自动机械装袋条件下。一是人工装袋操作不均匀；二是菌包生产者（或车间工人）为方便，菌包顶部塞棉塞或扣筛扣时经常会习惯性地摁一下，导致菌包两端紧实致密、中间外凸松散（图14-2）。这样的菌包接种后，会出现发菌时菌丝分解培养料产生的热量和二氧化碳不能顺畅流通，氧气无法足量进入，影响发菌和出耳质量。

图14-1　原料过粗的菌包

图14-2　原料装袋不均匀
　　　　的菌包

第二节　提高榆耳栽培效益的途径

一、掌握生长发育条件

1. 营养

（1）碳源　榆耳为木腐真菌，能较好地分解利用木屑中的纤维素和半纤维素，而分解利用木屑中木质素的能力微弱，可导致木材褐腐。它的菌丝在多种基质上均能生长，但以富含纤维素和淀粉而含木质素较低的纤维材料废弃物为好。人工栽培试验表明，以棉籽壳、废棉等作为碳源产量最高，豆秸、玉米芯和花生壳次之，也可用阔叶树木屑做碳源，但产量最低。

（2）氮源　榆耳能很好地分解利用豆饼粉、玉米粉，其次是酵母粉、蛋白胨、甘氨酸、丙氨酸等有机氮源，而利用无机氮的能力较差，对谷氨酸和硝酸钠利用效果差，不能利用尿素和硫酸铵。因而，培养基中必须添加有机氮源，如麸皮、玉米粉、米糠等，不宜使用化肥。培养料适宜碳氮比为（24~28）∶1，氮含量以 0.4~0.5 克／升为最佳。

2. 环境

（1）温度

1）菌丝。生长温度范围为 5~35℃，适宜温度为 22~27℃，以 25℃最为适宜。15℃以下菌丝生长缓慢；10℃以下经 12 天菌丝才开始萌动；30℃以上生长虽快，但菌丝细弱；35℃以上停止生长，死亡。

【注意】

　　在测量菌丝生长发育的温度时，要注意气温与菌温的区别。菌温是指菌丝生长时的培养料温度，气温是指培养室内的温度，两个温度不同，通常菌温要比气温高 1~4℃。

2）原基形成。榆耳是低温结实性真菌（变温结实），原基形成时的温度不仅低于菌丝生长的温度，也低于子实体生长时的温度。原基形成的温度范围是 5~26℃，以 10~22℃为适宜，10℃以下和 25℃恒温下，难以分化形成子实体原基。

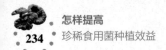

【注意】

　　营养生长阶段的温度也影响子实体原基的形成。不同温度下培养的菌丝体，原基出现率和出现时间早晚都有差别，30℃下培养，以后置于适宜环境条件下，也不容易形成原基。25℃下进行发菌，对原基形成最为有利。

　　3）子实体生长。子实体发生和生长发育的温度范围较窄，在10~23℃的温度范围内生长，最适温度为18~22℃。在适温范围内，低温时子实体生长慢，高温时生长快。

　　（2）湿度

　　1）菌丝体阶段。适宜培养料含水量以60%~65%最佳。低于55%，菌丝虽可生长，但难以分化出子实体原基；高于70%时，菌丝生长缓慢。空气相对湿度过低（低于50%）则会加速培养料中水分散失，导致发菌后期培养料偏干而影响发菌；过高（高于75%）将会影响菌包中有害气体的及时散出，进而影响发菌。

【提示】

　　培养料含水量过大，影响菌丝呼吸作用，抑制其生长，常常导致菌丝只在培养基表面或上层生长，下部的营养不能利用，导致产量显著降低甚至绝收。

　　2）子实体阶段。空气相对湿度要求达到90%~95%，如果低于80%，原基不易分化，已经分化的原基也生长缓慢，难以长成子实体；如果低于70%，原基不能分化，已分化的原基也不再生长，甚至会干枯死亡；高于95%时，室内氧气偏少，也不利于子实体生长，在此条件下易遭受杂菌侵染，引起流耳等。

【注意】

　　子实体呈胶质，本身可以直接从环境中吸收水分。出耳生长阶段的环境以干、湿交替为好，比恒湿条件对耳片的伸展更为有利，也有利于预防出耳期间的杂菌污染。

（3）光照

1）菌丝体阶段。菌丝在无光或有散射光条件下均能生长，强光照能强烈抑制菌丝萌发，使菌丝生长前端的分支减少，菌丝稀疏，气生菌丝几乎完全消失。因而发菌阶段最好置于黑暗或弱光照下培养，至少应保持 95% 以上的遮阳率。

2）子实体原基阶段。原基分化需要一定的散射光刺激，光照可诱导子实体原基的形成，以偏暗的"二分阳八分阴"的弱散射光效果最好；光照过强，会抑制子实体原基的形成（严禁直射光照射菌包）；在完全黑暗的无光条件下，也不能形成子实体原基。

3）子实体形成阶段。光照强度对子实体的色泽形成、色素积累和榆耳品级极为重要，光照强度应增至 500~1500 勒（"三分阳七分阴"至"四分阳六分阴"），这种光照条件下生长的子实体不仅颜色深，而且茸毛长、粗、厚实，品质好。暗光下生长的子实体颜色浅。

（4）空气　榆耳是好氧性菌类，特别是子实体形成和分化期，需要充足的氧气。耳房内空气新鲜，氧气充足，能加速原基分化展片；当培养基通风不良，室内二氧化碳含量积累过高时，原基不能正常分化成子实体，或形成菜花状、脑状的畸形子实体。氧气不足，可导致培养基发酵解体，榆耳菌丝变黄甚至死亡，榆耳片脱落。

（5）酸碱度　喜中性、微酸性环境。菌丝在 pH 为 4~9 的培养基上均能生长，适宜 pH 为 5~7，pH 为 5.5~6 时，菌丝生长最好；子实体发育阶段，最适宜 pH 为 6 左右。若培养料 pH 在 4 以下或 8.5 以上，菌丝长势渐弱，生长速度变慢，发育不良甚至死亡。

【提示】

要想优质、安全、高产与高效，只有将上述条件串联起来，针对每一个环节做好预案、进行科学操作和精细化管理，才能不断提高榆耳栽培效益。

二、建造高效的栽培场所

榆耳不耐高温，发菌阶段不需要光照，因此榆耳的栽培场所应具有良好的遮光和防高温设施，通常在室内、大棚、温室、阳畦等场所进行栽培。

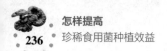

从经济有效、坚固耐用的角度考虑，人工栽培榆耳宜选用竹木、钢骨架大中拱棚作为栽培棚较为适宜（图14-3和图14-4）。榆耳摆袋栽培方式依据不同地区的地势、环境和当地生产条件，可选择立体墙式栽培模式或层架床式栽培模式进行生产。

图14-3　榆耳竹木栽培棚

图14-4　榆耳钢骨架栽培棚

1. 立体墙式栽培拱棚的搭建

棚中心顶高3.2~4米、宽8~10米，棚两边肩高2.4~2.6米，长度视场地确定，一般为50~70米，为管理便利和调控棚内温湿度，棚长不宜超过80米。可用竹竿或钢骨架、塑料薄膜、遮阳网、草帘等材料搭建，棚顶下层为遮阳网，中层为草帘，上层为塑料薄膜；棚四周外层用遮阳网，中间为草帘，内层用塑料薄膜，以便隔热和调节光照。必要时可在菇棚顶部每隔3~4米开1个50厘米×50厘米的通气天窗。地面铺25~30厘米高的砖，上面铺竹片或细竹竿，其上再放菌包进行生产。

【提示】

　　若所建耳棚过宽，则通风不畅；若过高，则上下部温度相差悬殊，不便于统一管理；过长则不利于生产管理和操作。

2. 层架床式栽培的床架搭建

在菇棚内，按长度方向，设2列床架，中间留宽1~1.5米通道，床架按菇棚宽度方向横向排列。床架长3~3.5米、宽1米、高2~2.2米，全架分3~4层为宜，底层离地面10~15厘米，每层间隔50厘米，床架行间相距1~1.2米。

三、选择适宜的栽培季节

根据生产实践和对比分析，应坚持"以适宜出耳为基准，向前推算"的原则，即以开始出耳为基准向前推 55~60 天为接种适期，再向前推 60~65 天为菌种及栽培袋准备时期。

1. 东北地区

由于秋季降温较快，不利于子实体膨大生长，多采用春季栽培，5 月下旬 ~6 月上旬备料、制作菌包、接种，7 月底 ~8 月初在配备有水帘等降温设施的菇棚中发菌，9~10 月出耳、收获，可采收 1~2 潮。

2. 黄淮地区

可采用春、秋两季栽培，春栽多在 11 月上中旬备料、制作栽培袋，11 月底 ~12 月中旬接种、发菌培养，第二年 2 月中旬开始准备上架、摆袋、出耳，4~6 月采收，可采收 2~3 潮；秋季栽培多在 7 月上旬备料，7 月下旬 ~8 月初制作栽培袋、接种，8 月上旬（立秋前后）进行发菌培养，9~10 月出耳。

【提示】

　　秋季栽培时发菌阶段要避开高温、强光的影响，可采用水帘、遮阳网等设施。

3. 南方地区

11 月 ~ 第二年 1 月接种、发菌，4 月底之前采收完毕。菌种制备时期应为接种日期向前推 45~55 天。

【提示】

　　榆耳人工栽培对于季节的选择应依据不同地区、不同维度、物候期进行合理确定，基本要求是在榆耳原基分化阶段外界气温应稳定在 16℃以上。

四、选购优质菌种

1. 菌种选择

榆耳栽培种的要求是：瓶口包扎严密，棉塞不松动，菌瓶或菌袋无裂处，菌龄适宜，一般不超过 3 个月。

所购置菌种应是在本地生产应用过或经试验示范表现优良的菌种，应具有出耳及转潮快、抗逆性强、优质、高产、商品性好等优点。也可依据生产对比试验，选取耳片大而肥厚、形状规则，抗杂能力强、适应性广的优良菌株用来提取菌丝，通过提存、复壮培养、出菇，选出综合性状优良的菌株用作生产栽培菌种。

【注意】

引进新菌株需通过出耳试验，观察其农艺性状及生产性能。

2. 质量要求

优良的榆耳菌种应为整体性好、有弹性、瓣块多，无松散或发枯现象；菌丝洁白健壮、浓密，呈茸毛状，均匀一致；菌体紧贴瓶壁、无缩菌现象，无灰白、青绿、黑橘黄等杂色，无抑菌带或不规则斑痕，正面观察外观洁白，平贴培养基生长，均匀、平整、无角变，菌落边缘整齐，变色均匀，无杂菌菌落等特征，培养基斜面、背面外观不干缩。

五、选用优质栽培原料和高效栽培配方

1. 优质栽培原料

主要原料有棉籽壳、玉米芯、木屑、废棉等，辅料有米糠、麸皮、黄豆粉或玉米粉、糖、石灰、石膏等。

栽培原料要求新鲜、干燥、纯净、无霉、无虫、无碎土和砂石、无有害污染物和残留物。采用其秸秆作为原料的作物，收获前 1 个月不能施高残毒农药。木屑要求无杂质、无霉变，以阔叶类、不含油的硬杂树为主（以榆树为佳），粉碎，过筛（孔径为 0.2~0.3 厘米）后方可使用。

2. 高效栽培配方

（1）以棉籽壳为主

1）棉籽壳 50%，玉米芯 30%，木屑 10%，石膏 2%，石灰 2%，麸皮 4%，米糠 1%，钙镁磷肥 1%。

2）棉籽壳 70%，木屑 20%，石膏 2%，石灰 2%，麸皮 5%，过磷酸钙 1%。

3）棉籽壳 68%，麸皮 18%，木屑 10%，豆饼粉 2%，石膏 1%，石灰 1%。

4）棉籽壳 96%，石膏 2%，石灰 1%，过磷酸钙 1%。

5）棉籽壳 78%，麸皮 10%，玉米粉 9%，石膏 1%，过磷酸钙 1%，糖 1%。

6）棉籽壳 75%，麸皮 20%，豆饼粉 3%，糖 1%，石灰 1%。

（2）以废棉为主

1）废棉 80%，麸皮（或米糠）18%，石膏 1%，石灰 1%。

2）废棉 77%，麸皮 20%，糖 1%，石膏 1%，石灰 1%。

3）废棉 48%，木屑 30%，麸皮 20%，石膏 1 克 %，石灰 1%。

（3）以玉米芯为主

1）玉米芯 70%，棉籽壳 10%，木屑 10%，麸皮 5%，石膏 2%，石灰 2%，过磷酸钙 1%。

2）玉米芯 50%，棉籽壳 30%，木屑 10%，麸皮 5%，石膏 2%，石灰 2%，过磷酸钙 1%。

3）玉米芯 84.3%，麸皮 14%，石膏 1%，石灰 0.5%，过磷酸钙 0.2%。

4）玉米芯 80%，麸皮 15%，豆饼粉 4%，石膏 1%。

（4）以榆树等阔叶树木屑为主

1）木屑 78%，麸皮 17%，玉米粉 2%，石膏 1%，石灰 1%，糖 1%。

2）木屑 68%，麸皮 15%，黄豆粉 15%，糖 1%，石膏 1%。

3）木屑 50%，棉籽壳 30%，麸皮 17%，石膏 1%，石灰 1%，糖 1%。

4）木屑 40%，棉籽壳 35%，麸皮 20%，玉米粉 1%，石膏 1%，石灰 1%，钙镁磷肥 1%，糖 1%。

（5）以豆秸为主

1）豆秸 58%，麸皮 16%，棉籽壳 13%，黄豆粉 10%，石膏 1%，石灰 1.5%，过磷酸钙 0.5%。

2）豆秸 42%，棉籽壳 31%，麸皮 15%，米糠 9.5%，石膏 1%，石灰 1%，过磷酸钙 0.5%。

【提示】

培养料配方可根据当地原材料资源情况灵活选用，但无论选用哪种配方，均需做出耳试验后再选用。黄淮地区，多采用棉籽壳为主，搭配玉米芯、木屑等多元化组合配方；东北及其他木屑资源较丰富的地区，多采用以木屑为主的配方进行生产。

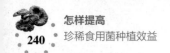
六、制作优质菌袋

1. 拌料

按照配方比例先称取主料如棉籽壳、玉米芯、木屑等，加入适量水，混拌均匀。拌料时先干拌、后湿拌，掺混拌匀后再加入足量的水使培养料含水量达到58%~62%，然后再堆闷2~2.5小时。装袋前，用拌料机再翻拌1次（图14-5）。

【注意】

由于原材料购买地不同，各地木屑的含水量也不一样，同时木屑的吸水速度与其他组成不太一致，所以拌料时要灵活掌握，可在拌料前2~3小时将木屑等喷水预湿（图14-6）。

图14-5 拌料

图14-6 预湿吸水后的木屑

2. 装袋

（1）选用合适的塑料袋　榆耳栽培所用塑料袋的规格为长33~35厘米、宽17~17.5厘米、厚0.06毫米。生产榆耳的塑料袋有两种，一种是高压聚丙烯袋，优点是透明度好、耐高温、不溶化、不变形、方便检查袋内杂菌污染等；缺点是冬季袋较脆、破损率高。另一种是低压聚乙烯袋，优点是有一定的韧性和回缩力，装袋时破损率低；缺点是透明度差，检查杂菌不易被发现，并且该类袋不耐高温，适合常压灭菌生产。

【注意】

> 不论哪种袋，要求每个袋的质量必须在 4 克以上为好，否则塑料袋太轻、太薄，装袋灭菌后容易变形或易产生裂缝等。

（2）装袋操作要标准　装袋时一定要做到料柱上下松紧一致、适度，料面平整，无散料，袋面光滑、无褶，然后塞上棉塞（或套上无棉封盖），套上套环，一定要将塑料袋口扎紧。为保证装袋均匀，提高工作效率，减少菌包之间的差异，培养料装袋时最好采用机械装袋，装袋后每袋料重 1.4~1.5 千克。装完料的栽培袋应尽快放入专用筐内，防止被尖锐物体刺破。

3. 菌袋彻底灭菌

应尽快灭菌，不宜放置过夜。彻底灭菌的总体要求是"规范操作、达时足温"（图 14-7 和图 14-8）。

图 14-7　蒸料灭菌

图 14-8　配备烟尘处理设备的高压除尘锅

高压灭菌时，当温度达到 126℃、0.15 兆帕压力下灭菌保持 3 小时即可，但该方法仅适用于耐高温的塑料袋。

常压灭菌当灭菌室内温度达到 100℃时保持 10~12 小时，灭菌结束后再闷 3~4 小时即可。灭菌的总体要求是"攻头、控中间、保尾"，即灭菌时菌包内的温度要在 2~3 小时内达到 100℃，然后在 100℃下保持 8~10 小时，达到规定时间后，再逐步停火降温，让锅内温度自然冷却 4 小时左右，趁热出锅。

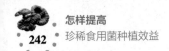

【注意】

灭菌时压力上升的速度和排气的速度不宜太快，以免损坏塑料袋。出锅时栽培袋要轻拿轻放，发现菌袋出现破裂小口的，不要用手触碰，用胶带及时粘上；破裂大口的及时带出室外，单独处理。当栽培袋降至30℃左右时准备接种。

灭菌后栽培袋要及时转入冷却室冷却（开展商品化菌包大批量生产时）或在消过毒的培养室逐渐冷却，可将栽培袋摆放为立体墙式，以4~6层为宜，要摆放整齐，每排之间相隔8~10厘米，以便均匀散热降温。

【提高效益途径】

冬季接种前，一定要趁热将菌袋及时转入接种室，关闭门窗。若想尽快接种，可采用无菌空调风机制冷缓慢降温，但不可开门窗散热，更不要放在室外降温。若不能及时接种时，要用杀菌剂进行灭菌消毒处理后适温暂时贮藏。

4. 无菌接种

灭菌后的栽培袋应及时进行接种，要严格按无菌操作技术要求进行操作。

（1）接种场所提前消毒　接种场所要用1%的克霉灵（美帕曲星）液全场喷洒消毒，然后再用杀菌杀虫烟雾剂消毒，或用生石灰全场消毒。同时对所有接种用品和栽培袋进行1次彻底消毒，待接种的菌种在搬入接种室前、后要进行两次消毒。

【注意】

部分菇农在对接种室进行消毒处理时往往只计算地面面积而忽略了立体高度，导致消毒处理剂量不够，不但杂菌杀不死，而且还容易使杂菌产生抗药性。

（2）规范接种　当栽培袋两端的袋内温度降至26~28℃时及时接种。

正确的做法是用温度计对菌包培养料中心及两端10~15厘米处的料

温进行测量，若中心料温在 35℃ 及以下且两端 10~15 厘米处的料温在 28℃ 左右时为接种适温，袋温过高或过低均不适于接种。

接种时要先把菌种上面的老化层去掉，取中下层菌种接入料袋，每袋接入菌种 20~25 克，接种时将菌种用勺子或镊子装入栽培袋内，注意不要用手接触菌种，尽量把菌种撒开，使袋肩部也有菌种，这样有利于菌种萌发，吃料生长，接种后快速封好袋口（图 14-9）。

图 14-9　接种

【注意】

生产中部分菇农采用手感判断袋温的方法是极不科学的。人体温度一般在 36.5℃ 左右，若烫手则不能进行接种是正确的，但不烫手时袋温不一定适合接种。

【提示】

严把菌种质量关，做到"三个坚决不用"，即发现有异常变化的菌种坚决不用，棉塞受潮污染的菌种坚决不用，菌种袋（瓶）有裂纹、掉棉塞或棉塞松动的菌种坚决不用。

接种期间为减少杂菌污染，工作人员尽量少走动，减少开门次数，不要在室内穿脱或拍打衣物，以免灰尘飞扬。

【提高效益途径】

若遇低温天气，接种后菌袋要及时进行覆膜，保温发菌。另外，北方地区开展春季榆耳生产时，由于接种和发菌在冬季，外界温度低于菌丝生长适宜温度，应采取热袋接种的方式，利用菌袋余热促进菌种萌发吃料，但栽培袋接种时两端的袋温必须降到 30℃ 以下，以免接种后温度过高把菌种烫死。如果两端的袋温降到 20℃ 以下，接种后菌种几乎不萌发，即使利用取暖设备升高温度，菌丝生长也较缓慢，同时可能造成大量杂菌污染，所以要及时关注接种时的袋温。

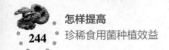

5. 菌袋培养

（1）**及时入室培养**　接种后的菌袋应及时转入已灭菌消毒的培养室或大棚进行发菌。发菌场所必须卫生、清洁、干燥、避光，易于通风换气（图14-10）。

对于层架床式养菌，每层床架摆放 3~4 层菌袋，袋间留 5~10 厘米的间隙利于通风换气。对于立体墙式养菌，可提前在培养室地面上用砖排建墙基，洒上生石灰粉消毒处理后将消过毒的毡毯铺在上面，将菌包码垛垒墙，高度为 4~6 层，行间的间隔以 20~25 厘米为宜。

图 14-10　大棚消毒

（2）**发菌管理**　应坚持"前期防低温、中后期防高温、适时通风、避光发菌"的原则进行精细化管理。

1）温度管理。要依据菌丝吃料进度灵活掌握发菌时的温度进行调控。菌袋刚入培养室时为促进菌丝吃料，温度应控制在 26~28℃（时间大约控制在 5 天），形成榆耳菌丝生长的相对优势；当菌丝吃料后长到栽培袋的 1/3 左右时，随着菌丝的向前伸展，温度逐步下降，应控制在 22~25℃，同时应经常进行翻堆检查；当菌袋发满菌后，温度要控制在 18~22℃（图14-11）。

2）及时翻堆操作。发菌期间一般每 10~12 天进行 1 次翻堆，期间应至少进行 2~3 次，以促进菌丝均匀吃料生长，及时发现并剔除杂菌感染的菌包（图14-12）。

3）合理调控湿度。保持空气相对湿度在 60%~65%。若培养室内的空气相对湿度过高（75% 以上），则室内潮湿，易滋生杂菌，同时氧气偏少会影响菌丝呼吸；若空气相对湿度过低（低于 50%），则会导致菌袋内的水分加速散失，子实体生长期养分易出现断层现象。

4）避光发菌。发菌初期直射强光具有杀灭菌丝的作用，同时此期见光也容易促使耳基提早出现及生长不整齐，因此应做好遮光工作，控制培养室内光照接近黑暗。发菌基本完成时，可适当在菇棚两侧透入 5% 左右的散射光，以促进榆耳原基的形成。

图 14-11　发菌管理

图 14-12　发菌 30 天的菌袋

5）灵活掌握通风换气。发菌培养初期菌丝生长量较小，为保证室内温度，应尽量减少通风或不通风，随着菌丝生长量逐渐增加和对氧气的需求量逐渐增多，尤其是在菌丝吃料达到栽培袋的 1/3 左右时，应逐渐加大通风换气次数和时间，以创造适宜的发菌环境。

上述条件下培养 45~50 天，当菌丝长至菌袋约 4/5 时，再后熟 10~15 天，一般菌丝体就可布满料袋。此时即可码垛上架准备出耳，同时创造短期的适当低温条件（18~20℃）进行变温锻炼，以利于菌丝在低温和弱光中形成耳基。发满菌的菌包一般呈乳白色至青白色，部分菌包开始出现米黄色扭结点，说明榆耳原基已陆续开始形成。

七、出耳精细管理

整个菌袋外观呈乳白色，掰开菌袋内部也呈白色，表明发菌已结束，应适时转入出耳棚（室）进行摆袋、开口和出耳管理。

1. 原基形成期

这是在菌包内菌丝体逐渐聚集、聚团、组织化，进而扭结形成不规则米黄色或浅黄色凸起物（即子实体原基）的阶段。

（1）环境调控　榆耳在原基形成期对氧气较敏感，若不开口，袋内原基可在任何位置形成；若及时开袋，则多在袋两端外凸形成原基。从开口处出现子实体原基雏形，逐渐长大直到原基封住袋口，一般需

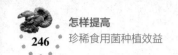
7~10 天。

此期要求温度应控制在 16~19℃，同时要加强通风，向地面和墙壁喷水增湿，也可往草帘上喷雾状水（向菇棚空间喷雾状水）调节湿度，保持空气相对湿度在 80% 以上。早晚给予一定"八分阴二分阳"的散射光，促进耳基形成，增加生长量。

【注意】

不能向栽培袋浇水，以免水流入开口造成感染，喷水后要及时通风，使原基表面水分晾干，以防原基腐烂。

（2）**开口方式正确** 菌包开口方式不同于毛木耳、黑木耳等。原基出现后，不要急于开袋，只需将袋口松开，以改善培养基透气性；待原基充分膨大即将要封住袋口时，将袋口用剪刀及时剪开，利于耳片生长。

【注意】

禁止模仿毛木耳的两端划口出耳方式，采用一个袋口出耳的方式有利于菌丝集中营养供应一处，促进子实体膨大；若多处开口则会出现多处耳片生发的现象，导致出耳多而小，品质差。

2. 耳片形成期

（1）**子实体分化期** 分化期指原基逐渐外凸，形成珊瑚状凹凸不平的表面并出现片状雏形阶段，需要 5~7 天（图 14-13）。此期要求空气相对湿度控制在 85%~90%，保持原基表面不干燥即可（偶尔表面发干也无妨害，可以给子实体分化生长积聚营养）。

此期要创造温差环境（利用白天和夜间的温差，12~22℃），及时流通空气，有利于子实体的进一步分化。当耳片长至 2~3 厘米时，温度应控制在 15~18℃，不超过 18℃；当耳片长至 3 厘米及以上时，温度保持在 14~20℃，但以 18℃ 为最佳。每天喷水 4~5 次，保持耳片湿润，水分不足则耳片质量差、产量低。

（2）**子实体生长期** 此期是指耳片开展到迅速扩大阶段，子实体进入旺盛生长期，一般为 20~25 天。这段时期管理的重点是加大湿度（空气相对湿度保持在 90%~95%）、控温和通风管理（图 14-14）。

图 14-13　榆耳子实体分化期

图 14-14　榆耳子实体生长期
（第一潮耳）

（3）采收　从原基开始形成到成熟采收，大约需要 1 个月，当子实体长至 12~15 厘米，耳片边缘呈波状并由硬变软，耳根收缩，出现白色粉状物（孢子）时表明已经成熟，要及时采收。采收前 2 天应停水，并将棚边缘掀开几个通风口促进排湿。选择晴天采收，以便晒干。采收时直接用手拧下，也可用锋利的小刀从耳基处割下耳片，晾晒时用剪刀或刀子将根部的菌料割掉，建议采大留小，这样晒干的成品大都是一级品。

采收的子实体去蒂后可搭架晒干（图 14-15）或烘干，也可切丝晒干（图 14-16），当含水量为 13%~14% 时，包装贮藏。

图 14-15　榆耳科学晾晒

图 14-16　榆耳丝

3. 转潮耳

首先，采收后的创面要清理干净，重点是清理耳根和表层老化菌丝，促使新菌丝再生。其次，适当停水 3~4 天，使菌袋和耳穴适当干燥，

防止感染杂菌，待耳基稍见收边、创面不黏时，再将棚边的塑料膜和草帘盖好，使菌丝休养生息，恢复生长。一般 4~7 天即可长出新的耳芽，再按第一潮耳的方法采取喷水增湿等措施进行管理（图 14-17）。若管理得当第二潮榆耳一般 12~15 天即可发育成熟。

榆耳袋栽一般可采 2~3 潮，第一潮约占总产量的 60%，第二潮约占 30%（图 14-18），第三潮占 10% 左右。

图 14-17　榆耳第二潮耳

图 14-18　榆耳（图中上面为
第一潮、下面为第二潮）

八、提前预防出耳期常见问题

1. 菌袋开口后原基（耳芽）形成困难、生长缓慢或出芽不整齐

（1）菌龄不足　因其他原因导致出耳生产期拖后，在菌丝长满袋后没经过低温困菌锻炼就摆袋催耳，此时菌丝刚刚育成，很多营养还没被分解转化，菌丝体得不到充分发育，因此表现为菌丝细弱无力。

（2）水分不适　水分不仅是菌丝体生长的组成部分，也是菌丝用于输送和贮藏营养物质的载体。培养料水分偏少，含水量不足，导致部分营养物质得不到充分运输和分配，致使菌丝发育不良。

（3）菌包内长期缺氧　养菌时因菌包透气不良或培养室内长期缺氧，造成菌丝细弱无力，生活力下降。

（4）光照不足　催芽时草帘过厚，透光性太差（长期透光率低于5%），耳芽因光照不足无法正常生长。

（5）催芽时透气不良　出菇棚覆盖塑料膜封闭太严，缺氧严重，使耳芽无法正常生长，即使生长也表现为无力、弱化，还易受感染。

（6）空气相对湿度偏低　催芽期遇春季干旱多风天气，草帘保湿效果不好加上管理跟不上，则菌袋表面干燥，空气相对湿度长期低于80%，导致耳芽不能正常生长。

2. 出芽期表现整齐，生长一段时间就再不生长，出现烂耳、菌丝死亡或杂菌感染等现象

（1）菌袋透气不良　若袋口多余的部分没被剪掉会阻碍透气，耳芽出齐后，从开片到五六成熟期间，遇连阴雨天或浇水过多时，致使子实体长期处在湿度饱和的环境中，会将菌袋开口处全部封闭，整个菌袋上下没有通气孔，使袋内菌丝因缺氧而死亡或感染杂菌。

（2）长期高温多湿　当外界自然温度超过25℃或遇高温干旱的天气并且喷水过勤、过多时，子实体因长期高温多湿而发生杂菌感染病变或流耳等。

（3）用水不清洁　容易造成杂菌感染或流耳。喷水管理中，因使用的水源被污染而造成子实体感染或发生病变。

（4）培养料配比不当　在配料中麸皮、米糠等辅料添加过多，营养过剩，菌丝体老化快，子实体没长成菌丝体就开始老化、收缩，造成耳片生长停滞或烂耳等。

（5）草帘感染　因所用草帘污染杂菌或霉变，在喷水保湿时，造成杂菌污染菌袋，导致耳片不能正常生长。

3. 转潮耳生长异常

（1）上潮耳根或床面没清理干净导致菌袋不透气　榆耳长至约六成熟时，因袋口残余耳基等没切掉或未清理干净，被阻挡导致通气不畅，当遇到高温多湿条件时，菌丝体因缺氧而生长不良或死亡，即便再恢复适宜生长环境也无法正常生长，导致减产。

（2）头潮耳采后未及时晾菌包　因为采收头潮耳后，菌包内菌丝体细弱，生活力及抗逆性下降，很容易受到杂菌感染，若菌包没有经过适当晾晒或光照照射，便直接进行第二潮耳生产，会致使菌丝体被霉菌感染而出现生长异常。

（3）浇水过早、过勤　第二潮耳耳基还未形成和封住原耳基处断面

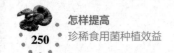
前就过早浇水，容易导致杂菌感染。

（4）头潮耳采耳过晚　头潮耳采收推迟，导致袋内菌丝体养分过度供应子实体，从而产生孢子，出现转潮耳营养供应断层现象。

4. 产品中浅色耳产生较多

1）子实体长期处于高温多湿的环境或遇连阴雨天，会促使榆耳子实体快速生长，本应该 12~15 天长成的子实体，结果 7~10 天就长大并开片，即生长速度过快，接受光照时间缩短，色素未形成或形成较少，因此产生大量浅色耳（彩图 22）。

2）采收后未进行适当晾耳。

第十五章
提高滑菇栽培效益

第一节 滑菇栽培概况和常见误区

滑菇（*Pholiota microspora*）属丝膜菌科鳞伞属，又名滑子蘑、珍珠菇、光帽鳞伞，日本叫纳美菇（彩图 23）。滑菇肉质细腻，口感嫩滑，味道鲜美，因其表面附有一层黏液，食用时滑润可口而得名。滑菇每 100 克干菇含粗蛋白质 33.76 克、纯蛋白质 15.13 克、脂肪 4.05 克、总糖 38.89 克、纤维素 14.23 克、灰分 8.99 克，具有极高的营养价值和保健价值。

滑菇表面附着的黏状物是一种核酸，具有抑制肿瘤的作用，对增进人体的脑力和体质均有益，是全球第五大人工栽培的食用菌，被国际上公认是"白色农业"中最有发展前途的健康、绿色、无公害食品，颇受国内外消费者青睐。

一、栽培概况

滑菇为珍稀菇种，原产于日本，我国辽宁南部自 20 世纪 70 年代中期开始种植，现在河北、辽宁、吉林、黑龙江、内蒙古、甘肃、四川、福建、浙江等地均有栽培。它是典型的低温菇类，自然条件下，栽培季节可根据滑菇的品种和栽培的环境条件安排。一般可分为秋种冬收和春种秋收两种。

滑菇以代料栽培为主，人工栽培模式主要有压块栽培、箱式栽培、袋栽、瓶栽（图 15-1）等。北方多采用压块栽培与托盘栽培，

图 15-1 滑菇瓶栽

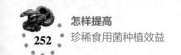

而南方一般以袋栽为主。

秋季接种冬季采收，栽培袋制作时间可安排在 8~9 月，选择耐高温的极早生品种，出菇适温为 8~21℃，12 月~第二年 3 月出菇，但菌袋养菌阶段气温较高，要有一定的控温设施，做好降温工作。采用春季接种秋季采收的，3~4 月制作栽培袋，10~12 月出菇，菌袋养菌阶段气温低，有利于滑菇菌丝定植生长，菌种杂菌污染极少，但要经过越夏管理，栽培周期较长。南方地区以上两种方式均可采用，北方地区一般采用春种秋收的栽培方式。

近年来，我国北方地区也开始采用反季节栽培，即秋季接种春季采收，9~10 月备料，11~12 月拌料、装袋、灭菌、冷却与播种，第二年 3~4 月出菇。反季节栽培应选用早生品种，出菇适温为 6~17℃。

二、常见误区

1. 传统栽培模式效益较低

传统的栽培模式是半熟料盘式栽培（图 15-2），蒸料只能杀死杂菌营养体，不能杀灭孢子，灭菌效果差，存在培养料灭菌不彻底、易污染环节多的问题。培养料中容易被菌丝体吸收利用的碳源少，养分匮乏，供应不均，遇高温菌丝体容易自溶，成盘率低，只有约 80%。

图 15-2　滑菇半熟料盘式栽培

采用盘式栽培时，只能上架养菌出菇，手工喷水的劳动量大，湿度难控。并且培养料裸露 1/2 出菇，出菇时培养料裸露面积大，菌块营养损失大，水分易散失，容易造成出菇困难，菇蕾多且个体小，易开伞，菇蕾成菇率低，产量低，严重影响了菇农收入。

2. 缺乏有效的市场预测方法

由于菇农不了解滑菇产业发展的相关信息，缺乏有效的市场预测方法，市场价格下跌时，纷纷放弃生产，当产业发展过热时，头脑不冷静，或盲目上马，或规模成倍增加，导致产品过剩，价格大幅度下跌，结果无法取得预想的经济效益，甚至亏本。目前我国滑菇产业对国际市场还存在一定的依赖性，这种现状决定了滑菇市场的不稳定性，形成了出口订单影响产品销量和产品价格的被动局面。

3. 栽培技术不过关

菌盘需摆放在层架上发菌和出菇。远在山区的菇农，一般用木杆搭建菇架（图15-3），耗费了大量木材。为了节省资源，有的菇农采用滑菇袋栽技术，但存在没有按袋栽要求的用种量接种、菌袋装料过紧影响正常发菌、发菌期间菌袋因摆放过密而导致菌袋"热伤"等现象，许多菇农废弃菌袋比例较大。

图 15-3　滑菇搭架栽培

4. 深加工产品少

目前我国滑菇产品主要以滑菇原料形式销售，深加工产品所占比例在 10% 左右，产品附加值低，菇农作为产业的主体，经济效益较低。

第二节　提高滑菇栽培效益的途径

一、掌握生长发育条件

1. 营养

滑菇是木腐菌，人工生产时多以木屑为主料（壳斗科或其他硬杂阔叶树木屑混合为好），麸皮、米糠、玉米粉为辅料，营养阶段最适碳氮比为 20:1，子实体分化发育阶段碳氮比为（35~40）:1。

2. 环境

（1）温度　滑菇是低温型、变温结实性食用菌，菌丝在 4~32℃均能生长，适宜温度为 22~28℃；子实体生长温度为 6~20℃，丰产温度为 15℃，高于 20℃子实体发生量较少，菌盖薄，易开伞；低于 5℃子实体基本不生长。

（2）湿度　子实体含水量达 91.5%，喜湿。菌丝阶段培养料的含水量应为 60%~65%，空气相对湿度应为 60%~70%；子实体分化和生长发育阶段培养料的含水量应为 70%~73%，空气相对湿度应为 80%~95%。

（3）空气 滑菇是好氧性真菌，菌丝和子实体生长均需要大量的氧气，特别是在子实体生长阶段尤其要注意通风。如果通风不良，则出菇晚，菌柄长而粗，菌盖小，严重时子实体停止生长。

（4）光照 菌丝阶段不需光照，但散射光对原基分化和子实体发育都有利，300~800勒的散射光可促进子实体的形成。

（5）酸碱度 适合在偏酸性基质上生长，pH在5~6。

二、选择适宜的栽培季节、品种和场所

1. 栽培季节

滑菇一般在5~20℃能出菇，适宜温度为8~18℃。当春秋两季的日平均气温为7~12℃时，适宜滑菇出菇。具体安排为春季出菇时，11~12月接种栽培菌盘，经过发菌和越冬管理，第二年5月上中旬~6月中下旬可出2潮菇，若经合理的越夏管理，当年9~10月还可出1潮菇；秋季出菇时，4月上中旬接种栽培菌盘，经过发菌和越夏管理，当年8月下旬~10月下旬可出2潮菇，若管理得当，第二年5月还可出1潮菇。

【提示】

北方地区选用盘式栽培可选择"春季接种、秋季出菇"模式，一般于3月初（气温较冷的冬末初春）开始播种，因为低温季节的特点，可以减少杂菌污染。随着天气转暖，利用自然温度发菌、养菌，既节约能源，又降低成本。8月下旬天气逐渐转冷，正是滑菇子实体发生的季节，此时进入出菇期，可实现丰产高产。

2. 栽培品种

根据滑菇原基分化对温度的要求不同，可分为4个温型：极高温型，发菌温度为23~25℃，子实体分化和出菇温度为5~22℃；高温型，发菌温度为20~25℃，子实体分化和出菇温度为5~20℃；中温型，发菌温度为15~22℃，子实体分化和出菇温度为5~15℃；低温型，发菌温度为10~15℃，子实体分化和出菇温度为5~12℃。

自然气温的变化规律是春季由低到高，秋季由高到低，所以春季出菇宜选用极高温型和高温型菌种，能延长出菇期，可出2潮菇；而秋季出菇适宜中温型和低温型菌种，可出2潮菇。

【提示】

　　实际生产中，应根据栽培季节的气候特点、销售方式、菇形和颜色等科学搭配不同温型的滑菇品种。尽量不要使用单一温型的菌种，以免出菇过于集中而影响采收加工和销售。

3. 栽培场所

空闲房，蔬菜、香菇、白木耳棚，林下搭盖的荫棚等均可作为栽培场所。

（1）小拱棚　使用前先将栽培场所内外清理干净，将菇床整理成宽100厘米、高25~30厘米的长畦床，畦面平整压实，上铺1层1厘米厚的细砂，并在畦床上用竹条和无纺布（农用塑料薄膜）搭成小拱棚，棚长20~30米。

（2）普通菇房　菇房必须干净、无杂物、无污秽，不怕淋水，便于通风换气并能够调节湿度。搭设简易棚作为菇房，棚顶要遮光，不漏雨，地面垫河沙厚3.3厘米左右。室内培养架可采用新鲜无霉变的竹竿、木棍搭设层架，要求结实牢固，防止倒架，架间要留通道（图15-4）。

（3）双层菇棚　外棚按"人"字形搭建，中间高4米，两边高3.2米，顶内衬固定塑料膜，外挂遮阳网或芒萁、五节芒等遮阳物（"七分阴三分阳"至全阴，根据气温调节）；内棚设2个床架，宽80~90厘米，上下共5~6层，层距为35~40厘米，床架的立柱与立柱之间相距1.3~1.5米，走道宽70~80厘米，用塑料薄膜全部覆盖床架的上下（图15-5）。

图15-4　滑菇菇房栽培

图15-5　滑菇双层菇棚栽培

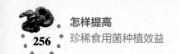
三、选择适宜的栽培配方和原料处理方式

1. 栽培配方

杂木屑、玉米芯、花生秸、玉米秸、甘蔗渣、棉籽壳等均可作为代料栽培滑菇的主料，加少量的辅料，如米糠、麸皮、豆粕、豆饼粉、碳酸钙、石膏、糖、玉米粉等，可以提高产量。

1）杂木屑 45%，棉籽壳 20%，玉米芯 20%，麸皮 12%，糖 1%，碳酸钙 1%，石灰 1%。

2）杂木屑 25%，棉籽壳 30%，玉米秸 15%，麸皮 13%，豆粕 8%，玉米粉 6%，糖 1%，碳酸钙 1%，石灰 1%。

3）棉籽壳 40%，杂木屑 10%，麸皮 10%，甘蔗渣 17%，花生秸 20%，糖 1%，石膏 1%，石灰 1%。

4）杂木屑 50%，麸皮 12%，玉米芯 20%，豆粕 8%，玉米粉 7%，碳酸钙 1%，石膏 1%，石灰 1%。

5）杂木屑 48%，花生秸 20%，棉籽壳 15%，麸皮 10%，玉米粉 4%，碳酸钙 1%，石膏 1%，石灰 1%。

6）杂木屑 40%，稻草 20%，玉米秸 15%，麸皮 15%，玉米粉 7%，碳酸钙 1%，石膏 1%，石灰 1%。

7）杂木屑 50%，玉米芯或大豆秸 30%，米糠 15%，玉米粉 2%，豆饼粉 2%，石膏 1%。

8）大豆秸（粉碎）45%，杂木屑 45%，麸皮 10%。

9）木屑 54%，玉米芯 36%，麸皮 5%，玉米粉 5%。

10）木屑 69%，麸皮 7%，米糠 5%，玉米粉 15%，石膏 1.5%，黄豆粉 1%，糖 1%，过磷酸钙 0.5%。

【提示】

　　①主要原料是阔叶树木屑，在木屑资源贫乏的地区，可用粉碎后的玉米芯、大豆秸与木屑混合使用。②完全用玉米芯栽培滑菇，出完 2 潮菇后，菌袋质地疏松，易感染杂菌，产量和质量均不理想。

2. 原料处理方式

棉籽壳、玉米芯须提前 1~2 天浸水预湿，第 2~3 天按照配方把预湿的棉籽壳、玉米芯与木屑、麸皮、糖水、石膏等混合搅拌均匀，含水量调至 65%~68%，pH 为 6.5~7.5。

培养料兑水比例往往掌握不准，为了能够准确地掌握培养料兑水比例，简单的方法是用秤称 0.5 千克有代表性的主料，放在锅里炒干，应不糊，用手捏有响声，达到纯干后，称出重量，得出含水量比例，再按此比例拌料。

四、提高滑菇代料春秋两季栽培效益

1. 制袋

袋栽滑菇多用聚丙烯或低压聚乙烯袋或筒料（图 15-6）。短袋栽培的料袋规格为 17 厘米 ×33 厘米 ×0.004 厘米或 20 厘米 ×45 厘米 ×0.005 厘米；长袋栽培的料袋规格为 17 厘米 ×55 厘米 ×0.004 厘米，料袋的透明度要好，以便于观察发菌情况。

2. 灭菌

料袋装好后在料袋中央打接种孔（短袋），然后用线扎紧袋口，或套上套环、塞上棉塞，及时灭菌。采用聚

图 15-6　滑菇代料栽培

丙烯袋，可进行高压蒸汽灭菌和常压蒸汽灭菌；采用低压聚乙烯袋的用常压蒸汽灭菌。常压蒸汽灭菌时待温度上升到 100℃时，维持 8~10 小时后停火再闷 5~6 小时，待锅内温度自然下降到 70℃以下再打开锅盖，将料袋及时运入清洁卫生且经消毒的室内进行冷却。采用高压灭菌，当锅内温度上升到 126℃时维持 3~3.5 小时，停火后当锅内压强自然降到 0 时，方可开盖出锅，将菌袋运入室内冷却。

【提示】

　　装完的料袋要及时装锅灭菌，最好采用周转筐装袋，这样气流自由流通，无死角，灭菌彻底。另外一定要根据锅的产气量决定灭菌量，千万不要小锅多装料，不但灭菌效果不好而且浪费资源。

3. 接种

可在接种箱或无菌室中接种，无菌室在接种前 3~5 天进行清洁消毒。接种时，严格按照无菌操作规程，将菌种接入料袋中央的接种孔中和袋

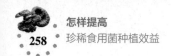

口料面（短袋）。

采用长袋栽培时应先用 75% 酒精擦拭料袋接种面，然后用直径为 1.3~1.5 厘米的锥形木棒，在料袋上打 3~5 个孔，再用接种器或徒手将菌种迅速塞入穴内，菌种块要与培养料紧密接触，同时微凸出穴面，最后用专用胶布封口。

 【提示】

①尽量选择菌丝浓白、生长致密、均匀整齐、粗壮、不萎缩、无杂菌、无积水且菌龄在 45~55 天的菌种用于生产。②由于滑菇的菌丝特性，其菌种块较为松散，因此只有走满袋后的栽培种方可用于生产，这对提高成活率、降低污染率有一定效果。

4. 发菌管理

采用自然温度发菌的，长菌袋先按堆叠式排放，排间相距 40~50 厘米。待接种口菌丝表面吃料直径达 6~7 厘米时，进行第一次翻堆，并改为"井"字形叠放，每堆 7~8 层。

培养室气温低于 15℃时，菌袋要堆紧些，也可叠高些；气温高于 25℃时，菌袋要堆稀疏些，并加强通风换气，以防高温烧菌。发菌室适宜温度为 22~25℃。整个发菌期翻堆 3~5 次。翻堆时结合检查杂菌，拣出感染绿霉的菌袋，重新混入新料再利用；而感染毛霉、红霉、黄曲霉的菌袋，滑菇菌丝可将其及时覆盖，对出菇影响不大。

用线扎紧袋口的菌袋，接种后 15~20 天，菌丝生长旺盛，袋内氧气大量减少，这时应采取刺小孔方法通气供氧。长菌袋接种孔贴胶布封口，也要在菌丝生长前端的塑料膜上刺孔通气。适温下培养 30~35 天，菌丝可长满袋，再经 15~20 天培养菌丝体达到生理成熟。

 【提示】

菌丝长满袋后应及时撤掉培养室门窗的遮阳材料，增加光照，拉大昼夜温差，以诱导和刺激菌袋转色形成菌膜（图 15-7 和图 15-8）。菌膜是菌丝在高低温度变化条件下，其分泌物干涸与表面菌丝结合而成。菌膜不是出菇的必要条件，但菌膜起到类似树皮的作用，对延长菌袋的寿命有一定的作用。

图 15-7　滑菇代料栽培室

图 15-8　滑菇代料栽培发菌管理

5. 倒袋划菌

倒袋是将发育成熟的菌棒破除塑料膜；划菌是指长出的菌膜太厚不利于长出子实体时，需要用竹刀或铁钉在菌块表面划线，划出纵横均宽 2 厘米的格子，划透菌膜 1 厘米深（图 15-9）。然后平放或立放在架上，喷水，调节室温至 15℃。

6. 出菇管理

出菇方式有不脱袋出菇和脱袋覆土出菇两种。

（1）不脱袋出菇法

1）短袋出菇。当室外最高温度降至 20℃以下，菌丝中出现黄色或褐黄色时，将菌袋移到出菇场所，竖直排放于畦面，拔松菌袋的套环和棉塞，

图 15-9　倒袋划菌出菇

用线扎口的松开扎口线，用竹条和无纺布搭成小拱棚遮盖；对整个环境喷水保湿，促进其生理成熟。13~18 天后拔去套环，打开袋口，卷下高出的塑料袋或割去料面上方的塑料膜，继续喷雾状水保湿，待菌筒生理成熟，温度适宜时出菇（图 15-10）。若菌袋口料面菌种有橘黄色蜡质层形成，要用刀在蜡质层上划出纵横交错的裂口，深度以见下层白色菌丝为度或进行搔菌。处理后 5~7 天，菌丝得到恢复，便可向地面和空中喷雾状水，使菇房相对湿度达到 85%~90%，严防将水喷入菌袋口。

滑菇子实体原基刚形成时，呈乳白色颗粒状，2~3 天后变成黄褐色或红褐色，待形成具有菌伞、菌柄的幼菇时，可以转入出菇管理。出菇管理应重点控制小拱棚内的湿度与温度。生产上一般通过无纺布（农用

塑料薄膜）的掀盖调节适宜的出菇温度、湿度和光照。主要通过向地面喷水，保持地面潮湿，使空气相对湿度保持在85%~90%，不可在子实体上直接喷水，喷水要做到少喷、勤喷（图15-11）。天气干燥、风量过大时，应适当增加喷水次数，当幼菇菌盖长至0.3~0.5厘米时，应适当向菇体和空间喷雾状水。但喷水不能过多，否则菌袋颜色呈暗红褐色，无光泽，子实体生长缓慢，黏液层厚，易引起霉烂。此外，培养基内水分过多时，特别是在不通风条件下，除易引起杂菌污染外，还可能诱发菇蝇类、蛾类、线虫等危害。保持室内或棚内温度为7~18℃，温度高于20℃时子实体不能形成。

图15-10　短袋出菇

图15-11　短袋卧式出菇

【提高效益途径】

短袋吊栽：以一次吊放15000袋的菇棚为例，菇棚宽6.4米、长20米，棚顶高2.8米，两侧高2米，占地128米²。内设宽1.2米、长18米、高1.8米的床架3排，架上每隔25厘米放1根横杆，两排之间及四周留宽0.8米的作业道。棚顶及四周扣农用塑料薄膜，另盖草帘遮阳，棚两端对着过道开门。

在菌袋四周以"品"字形排列，用锋利的小刀割深0.3~0.5厘米、边长为2厘米的"V"字形口10~12个，用铁线从菌袋中心孔穿过，吊挂于预先搭好的横杆上，铁线的下端系1根木棍托住菌袋，串间距为30厘米，每串挂8袋，袋口朝下，最下面的菌袋距地面20厘米。

　　割口后不要立即向菌袋喷水，以免造成污染。要待割口处的菌丝愈合，大约2天后，向菌袋喷1次重水，使菌袋表层菌丝的含水量达到70%左右。浇水原则是少喷、勤喷。尽量向地面、四壁及棚顶喷，使棚内空气相对湿度达到85%~90%，温度控制在20℃以下。要经常通风换气，保持空气清新（夜间将四周农用塑料薄膜及草帘掀起，阴雨天全天掀起通风）。经过15~20天，割口处开始逐渐显现米粒大的菇蕾，当菌盖长到0.5厘米，可往菌袋上喷水，但要轻喷。随着滑菇渐渐长大，逐步增加喷水量，使滑菇表面保持鲜亮即可。每天至少3~4次，风大干燥要多喷，阴雨天少喷或不喷。在正常情况下，滑菇原基经过4~5天就可长成正常的子实体，可根据销售方式要求的标准，及时采收和加工。

　　2）长袋出菇。菌袋上架时间安排在气温稳定在20℃以下时，一般在11月。菌袋上架后，挖除菌袋口上的老菌块，深度为1~1.5厘米，菌袋口朝向侧面，并盖好薄膜保湿，当空气相对湿度低于70%时，可适当向空间喷雾状水。待接种口长出新菌丝体时，选气温适宜的天气，向菇棚空间、菇袋表面喷水，每天3~4次，使空气相对湿度达90%左右，促其现蕾（图15-12）。接种口凹陷处如有积水，要及时倒出。第一潮菇发生在接种口处，不必割菇蕾；第二潮菇发生在接种口外围；第三潮菇在菌袋表面也可形成。菇蕾长到米粒大时，及时用锋利的小刀沿菇蕾外围割破2/3薄膜，促其长菇。

图15-12　长袋立式出菇

　　现蕾后菌袋口朝上，每天早、晚各喷水1次，晴天喷水量适当加大，次数增多，适宜的空气相对湿度为90%左右，菇袋凹陷处如有积水，要及时清理。气温高时要加厚菇棚顶部和周围的遮阳物，气温低时调疏遮阳物（图 15-13）。菇蕾生长幼期不得通对流风，气温低时少通风，每天 1~2 次，每次 0.5~1 小时；气温超过 18℃时，要加强通风，为防止因通风而引起湿度下降，要相应增加喷水次数。棚内温度在 7℃以下时，不能直接向菇蕾表面喷水，特别在霜冻天气，以防菇蕾冻死。第一潮菇采收结束后，要养菌 10~13 天，让菌丝体充分恢复，积累养分，然后再通过喷水增湿，进行下一潮菇的出菇管理。

（2）**脱袋覆土出菇法**　滑菇菌丝长满袋并经过后熟期后，在栽培场地整畦，畦宽 1 米、深 10~15 厘米、长度不限，将畦底部分土挖松打碎，撒少量石灰粉，喷杀菌杀虫剂等消毒杀虫，预防白蚁；菌袋脱袋后从中间切成 2 段，把菌袋切断面向地面，竖排于畦床内，袋与袋间距为 2~3 厘米；菌棒露出土面 2~3 厘米，以防出菇时子实体沾土或菌袋未切断就直接平摆在畦床内。用事先备好的覆土填满空隙，并随之向畦内灌 1 次水，使覆土层充分吸水，最后覆膜养菌。整个出菇期要保持土层湿润，出菇后喷雾状水保湿。注意不要让泥土溅到菇体上（图 15-14）。

图 15-13　长袋垛式出菇　　　　图 15-14　滑菇覆土出菇

出菇期菌丝体呼吸增强，需氧量明显增加，因此需保持室内空气新鲜。若自然温度较高，室内通风不好，会造成不出菇或畸形菇增多，因此温度较高的季节出菇时必须昼夜打开通风口和排气孔，使空气对流，保证出菇棚有足够的氧气。

子实体生长时需要一定的散射光，菌袋不能摆放得太密，出菇棚内不能太暗（"七分阴三分阳"），如果没有足够的散射光，则菇体颜色浅，柄细长，因此出菇期要适当减少棚顶遮盖物，保证菌袋有适宜的光照。出菇时散射光的光照强度以 600~1000 勒为宜。光照过强对子实体生长不利，菌袋水分容易散失，直接影响产量和品质。

【提示】

　　覆土出菇方式可使菌袋保湿降温，并从土壤中吸收水分和营养，可明显提高产量，但要注意防治病虫害。

五、提高滑菇半熟料栽培效益

1. 拌料

　　先将各种原料混合均匀，按料水比 1 :（1.1~1.2）的比例缓慢将水加入并混合均匀，使含水量达到 55%。配好后，用塑料薄膜覆盖 30 分钟然后测定含水量。含水量适宜的标准是用手紧握培养料成团，触之即散，指间稍有水渗出，但没有水滴落下；或用拇指与食指捏培养料，见到水迹，即达到 55%~60%。蒸料的过程含水量可能比原来的含水量增加 2%~3%，达到 62%~63%，这是栽培滑菇最适宜的含水量。

2. 蒸料

　　制作蒸料时，锅上放上蒸帘，锅内水面距蒸帘 30 厘米，蒸帘上铺上编织袋或麻袋片，用旺火把水烧开，先撒上 1 层约 5 厘米厚的料，随着蒸汽的上升，哪里冒蒸汽就往哪里撒料，即见汽撒料，一直撒到离锅筒上口 10 厘米处为止。蒸料时要做到"上汽撒料，少量多次"，撒料时要"勤撒、少撒、匀撒"，不可一次撒料过多，以免造成上汽不均匀，产生"夹生料"。最后将出锅装料用的编织袋铺在料面上，然后用较厚的塑料薄膜把锅筒包盖，外面用绳捆绑结实。上大汽后，塑料鼓起，呈馒头状，这时开始计时（锅内料温为 100℃），保持 2~3 小时，蒸料过程中要求"锅底火旺，锅内气足，见汽撒料，一气呵成"。停火后再闷 2 小时后出锅。

【提示】

　　装入锅的料不能用手和其他物品拍压，以防结块或灭菌不彻底。料面覆盖麻袋片，以免锅内向料面上滴蒸馏水。注水要适量，水面距蒸帘要在 20 厘米左右，以免水沸腾漫上蒸帘。灭菌过程中需要补水时要加热水，如发现蒸汽量不足，可适当延长灭菌时间。

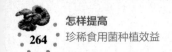

3. 制作菌块（装箱包盘）

培养料经过蒸制之后要趁热出锅压块。培养料出锅前，先做好接种室的消毒，将塑料薄膜放入高锰酸钾或来苏儿中浸泡；用5%来苏儿喷洒培养箱和其他工具；关闭门窗等。开锅后用消过毒的铁锹起锅。

在托帘上依次放上活动托板、木框，再将预先用0.1%高锰酸钾浸泡15分钟后的薄膜铺在木框模具内，趁热快速将蒸好的料铺在塑料薄膜上，用压料板压平，特别注意框内四角要压实，以防塌边，用塑料薄膜将菌块包紧，随即抽出活动托板撤下木框，用托帘撑托料块，运送到接种室中码放，待冷却后接种。

装箱包盘的关键是要在料温不低于70℃时装箱和在有足够的蒸汽情况下出锅，即"顶气出锅，趁热装箱"。包盘时，在框模内铺好塑料薄膜，装好料后打平表面迅速将塑料薄膜包好，塑料薄膜要轻松包严，不要过紧，整齐、平整、不漏气，料装至八分箱即可。料要摊平，用塑料薄膜包好，送进接种室。待料温自然降至30℃以下开始接种。

【提示】

托帘是承托菌块的秸秆帘，可用玉米秸制作，即将9~11根长60厘米的玉米秸用铁丝或竹条连接在一起。托帘的规格为60厘米×35厘米×9厘米，即将秸秆用2根紫穗槐树条编结而成，准备2~3个即可。活动托板与托帘的大小相同即可，塑料薄膜是包装菌块用的，可选用聚乙烯塑料薄膜，裁成120厘米×120厘米，膜厚0.03~0.05毫米，每块包料约2.5千克。包盘也可用活动木框模具，木框模具按标准规格制作。

4. 接种

装箱包盘完成后，菇房用甲醛进行熏蒸消毒，待培养料冷却至30℃以下，开始接种。在接种室内将菌种瓶打开，挖弃瓶内表面一层老菌丝，把菌种块掏出放在消过毒的盆中，掰成玉米粒大备用，掀开栽培框包装薄膜，在料面均匀打9个直径为1厘米的小孔，然后将菌种（事先掰成的0.5~1厘米的小块），均匀放在料面上，厚1厘米，使部分菌种落入小孔内，稍加压平以排除里面的空气，随即覆盖上薄膜稍压使菌种紧贴培养料，并将接缝处的薄膜卷紧包严上架。接种量为10%~15%，要以布满整个栽培块料面为宜，以使菌丝恢复后能尽早封住料面，减少污染。

【注意】

压块和接种时揭膜的时间是接种成败的关键。一般以3~5人相互配合为宜，做到动作准确迅速，要尽量减少挖出的菌种在外滞留的时间，随挖随接。

5. 发菌管理

接种后，可以将菌块搬到室外堆垛发菌，也可以搬到菇棚内堆垛发菌、上架发菌。另外，菌块堆放在一起可利用发菌产生的热量维持发菌温度。菌块的堆放要易于管理，地面用木杆或砖垫起，每5~8盘为1垛，垛与垛之间要留出10厘米的空隙，便于空气流通，上面及四周盖上较厚的稻草帘，既有利于保温，又能通气和防止阳光直射（图15-15）。

图15-15　滑菇盘式发菌管理

【提示】

室内发菌可用培养架，培养架用杂木搭成，高1.7米，层距为30厘米，底层距地面20厘米，可放5层。每150米^{2}菇房可放250盘，用料750千克。

自接种至菌丝体基本长满菌盘表面（即菌丝体封面）为发菌前期，需10~15天，此期以保温、通风为主，每隔4~5天翻垛1次；自菌丝体长满菌盘表面到长满整个菌盘（菌丝长透培养料）为发菌中期，需25~30天，此期要将菌盘移到培养架上单层排放，或呈"品"字形摆放，保持菇房空气新鲜，促进菌丝成熟；自菌丝体长满整个菌盘（菌丝长透培养料）到开始形成蜡质层为发菌后期，此时菇房给予散射光，空气相对湿度为85%~95%，促进蜡质层的正

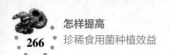

常形成。蜡质层对块内菌丝起保护作用，既能防止水分蒸发，又能防止外部害虫、杂菌的侵入。菌块表面形成蜡质层后，表明菌丝体达到生理成熟，此时正值高温季节，进入越夏管理。

【注意】

发菌后期，蜡质层的形成及厚度对产量有很大的影响，适宜的蜡质层厚度为0.5~1毫米，其原基分化形成率和成菇率都高。蜡质层不宜太厚，防止蜡质层过厚的措施是避免高温、高湿，创造凉爽、空气新鲜、温差较大的环境。如果发菌后期蜡质层没有形成或形成的蜡质层较薄，要将菌盘移到光照充足、通风良好的地方，适当提高空气相对湿度，以促进蜡质层的正常形成。

6. 越夏管理

滑菇菌丝培养结束后能否安全越夏是生产成败的关键。进入6~8月，光照强，日照时间长，到了一年中温度最高、湿度最大的夏季。越夏的措施主要是通风、降温、避光、防病虫四个环节。管理中要求通风良好并有适量的空气对流，料温要控制在26℃以下；菇棚加强遮光防止直射光照射；密切注意虫害的发生。

（1）降温　如果菌盘在越夏时控温措施不当，将会导致菌丝生活力衰退，代谢失调而逐渐死亡，开盘后菌盘发软，菌丝体死亡，形成"花脸"状的退菌现象，菇农称之为"空包病"。

预防此病的主要方法：①在搭建菇棚时，棚中心距地面不低于3.5米，顶层菌盘距棚顶应有0.8~1米的距离；棚顶用农作物秸秆或加厚草帘遮盖，避免烈日直射菌盘；也可在大棚两侧种植爬蔓植物，让枝叶为大棚遮阳降温度夏。②当气温达23℃以上时，将菇棚门窗打开，昼夜通风，促使降温；棚内温度应控制在30℃以内，超过30℃要及时往棚内四周及地面洒水，并加强通风以便降温。③夜间将包盘打开降温，同时使料内的有害气体向外散发，以利于菌丝恢复，并继续生长。④用消过毒的竹筷在"花脸"处刺孔，再撒一薄层石灰，有利于通气、吸湿；若"花脸"面积较大，可将"花脸"部分挖除，再将有菌丝的菌块拼在一起，重新包盘，继续发菌，使菌丝长在一起。

（2）**避光** 越夏场所要求避光和弱光照，严禁阳光直射。因为发菌后期菌丝体穿透整个培养基，菌盘表面形成橘黄色蜡质层，若散射光过强，使蜡质层增厚，水分不易进入培养基，导致子实体形成困难，并且还可以引起盘菌水分急剧蒸发使菌丝体干枯死亡，所以必须加厚棚顶及周边遮阳物。

（3）**降湿** 空气相对湿度不得超过80%。如果湿度过大，则菌皮增厚且菌盘容易霉烂，同时菌盘还易受虫害侵害。夏季高温高湿天气较多，致使菇蝇、菇蚊、蛞蝓等大量繁殖，咬食滑菇菌丝，菌盘内大量菌丝体被吃掉，菌盘疏松，喷水后很快腐烂。主要降湿措施是加强通风，也可向地面撒生石灰或新鲜煤渣等吸潮物。另外，菌盘内积水要及时排出。如发现料盘底部有水渗出，应轻轻打开一角，将水排出。

（4）**通风** 要求经常保持棚内空气新鲜、流通，每天通风2~4次。若棚内温度在25℃以上时，则必须昼夜打开门窗通风降温，长时间不通风，棚内温度会升高，湿度也相对增大，成为各种病虫害的滋生源。

（5）**病虫害防治** 要定期用2%石灰水喷洒整个棚内空间，然后用甲基硫菌灵1000倍液喷雾，隔天再用敌敌畏200倍液或90%敌百虫500倍液喷雾1遍，整个越夏阶段综合治理2次，可收到较好的防治效果。

（6）**提前出菇处理** 个别菌盘夏季出菇时，可在出菇部位割开塑料薄膜，将菇蕾摘除，然后用胶带封好。大量出菇时，可以打开菌盘，进行正常的水分管理，采收的子实体可鲜品上市，也可盐渍加工。

【注意】

　　①一定要在所有通风口处安装防虫网，防止成虫飞入或幼虫危害，必要的时候可以喷洒低毒无残留的生物农药。②滑菇菌丝生长缓慢，从接种至出菇需经过4~5个月的生长期，积温达1800~2000℃，才能完成营养生长，积累丰富的营养物质，并转入生殖生长。③越夏后期至开盘前1周，应适当调节菇棚内的昼夜温差，从而诱导原基形成。晚间将菇棚周围的塑料薄膜卷起，白天盖上，反复几天，促使滑菇菌丝由营养生长转入生殖生长。

质量好的菌块应是菌料一体，菌丝将料包紧成块，不松散，表面出现橙黄色至锈褐色蜡质层，有光泽，用手指按压有弹性；剖开会发现白色菌丝充满料屑间，不干涸，有蘑菇气味。如果菌块发糟，料屑松散，菌丝暗黄、干涸或发黑、发黏、有臭味的则为废品，应立即淘汰。如果局部发现有青霉、绿霉污染，可局部切除，再包好塑料薄膜，放到低温通风处，使菌块重新愈合，仍可出菇，未发育成熟的菌块可留在培养室继续培养。发育好的菇盘，表面形成浅黄色膜。

7. 出菇管理

秋季温度降至20℃以下时，打开料包的塑料薄膜，将菌块表面的蜡质层划破进行搔菌处理，刺激菌块进入出菇期。

（1）开盘划菌　开盘前要盖好菇房，喷水，使空气相对湿度达85%~95%，打开包盘薄膜，割掉包盘正面的薄膜，用消毒灭菌的刀片或铁锯条，在菌盘料面上每隔3~5厘米呈"井"字形划开蜡质层，共划6~7条口，划口深度以蜡质层厚薄确定，一般深0.5~1厘米，但一定要划透蜡质层，即划到培养基，使新鲜空气进入，有利于原基分化形成（图15-16）。较厚的锈红色蜡质层划面要深，较薄发白的蜡质层要轻划，菌块表面未形成蜡质层的可不划。

图15-16　滑菇盘式栽培开盘划菌

【提示】

①立秋至白露期间，气温下降，必须清理菇房的菌块，淘汰污染菌块，清除室内杂物，用来苏儿消毒菇房，喷洒敌敌畏800倍液灭虫。地面用河沙垫好，洒上冷水，调节室内空气相对湿度至85%以上，1~2天后可开盘划菌。②开盘的当天晚上，采用水泵喷枪向菇房的墙、棚顶及地面喷雾状水，菌盘表面要少喷水，以不使菌块干燥为准。

（2）催蕾　开盘划菌后应覆盖草帘或薄膜4~5天，并向地面及空中喷水,使空气相对湿度达 85%~95%,待划口处长出新生菌丝体后,揭去草帘或薄膜,向盘面喷少量雾状水。此时为喷轻水阶段,保持湿润状态即可,主要是向空间喷水,每天喷水 3~5 次。第六天开始为喷重水阶段,即向盘面多喷水,水温低一些,并让水向菌盘内渗入,使菌盘内含水量达 70% 左右,以手按菌盘发软,并有少量水渗出为宜,给予散射光,适当通风,加大昼夜温差,15~20 天可见菇蕾。

【提示】

这一时期,浇水要注意少喷、勤喷,后期多喷。菇房的地面、四壁、顶棚都应喷水,早晚多喷冷水,水质以中性或偏酸性为宜。

(3)**分化期管理** 开盘 25 天,若管理得当,开始逐渐现蕾。当菇蕾长至米粒大时,进入对水的敏感期,水量的多少直接决定产量。如果料块不缺水,应减少甚至不往盘上喷水,更不得直接向料块喷水,做到料盘不积水,以免死菇,其他部位多喷水,保持空气相对湿度在 85%~95%。随着菇生长对氧气需求的增加,要适时开背风窗通气,不可对窗开,防止产生过堂风,以免吹干菇盘及小菇过早开伞。

【提示】

喷水要做到看盘喷水,在窗口、门口通风量大的地方要多喷水;上层架、中层架多喷水,下层架少喷水。

(4)**出菇期管理** 菌盖长至 0.5 厘米,可往盘上喷水,但要轻喷,水不可过冷或过热,更不能大水冲击菇蕾。随着菇体的长大,喷水量逐渐增多,每天至少喷水 2~3 次,早晚多喷(图 15-17)。风大要多喷,雨天可少喷,夜间若能增喷 1 次可促进增产。出菇期室温保持在 15℃,湿度达 90% 以上,水温在 10℃ 以上。

图 15-17　滑菇盘式出菇

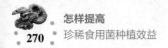
【提示】

　　向菌块喷水时要用喷雾器细喷、勤喷，使水缓慢通过表面划线渗入菌块，不能喷急水、大水。喷水时喷雾器的头要高一些，防止水冲击菇体。冬季不要喷过冷的水，要求水温与室温接近。冬季室温很低，若喷过冷的水会使菌块温度降低，抑制菌丝活动，降低菌丝分解能力，导致子实体生长缓慢，甚至不出菇，还容易引起黑斑病。使用自来水必须将水存放2天，使氯气挥发后方可使用，最好是用井水。冬季出菇室应采用升温设备，不能在加温前喷水，应在室温上升2天后再喷水。

8. 采收加工

（1）**采收时机**　子实体生长到八成熟即可采收，一般以菌盖直径为1~3厘米、呈橙红色、半球形为宜（图15-18），此时菌膜即将开裂（内菌幕破裂1/3~1/2），尚未开伞，菇柄粗而坚实，菇表面油润光滑，颜色鲜艳（金黄色），质地新鲜，黏质物多（图15-19）。

图15-18　待采收的滑菇

图15-19　采收的滑菇

　　（2）**采收方法**　采收时要采大留小，丛生的应大小一起采。

　　（3）**采后管理**　采后要停水3~5天，清除死菇和残根杂物，盖膜，并提高室温养菌，以利于下潮菇丰产。第二潮菇管理重点仍然是水分管理，方法同第一潮菇。

　　（4）**产品加工**　采收后从基部逐个掰开，用不锈钢刀切去多余的菌柄，同时按照不同加工方法的分级标准进行分级。目前滑菇加工方法主要有盐渍、速冻、制罐和干制（图15-20）等。在滑菇生产区通常采取盐渍的加工方法。

图 15-20　滑菇干品

【提示】

剪留菌柄的长度依加工要求有所不同。真空保鲜，留菌柄长度与菌盖直径等长；加工制罐，留菌柄长度为菌盖直径的 2/3 以下。

9. 菌盘越冬管理

如果菌盘春季出菇，在菌盘发菌后，需经过漫长的冬季管理，第二年春季出菇，在这期间的管理主要是保温、通风，即将发好的菌盘放于 10~15℃、通风良好、空气新鲜的室内越冬即可。若温度过低，达不到积温，要延长菌丝成熟期，错过适宜的出菇季节。

参考文献

［1］ 黄年来，林志彬，陈国良.中国食药用菌学［M］.上海：上海科学技术文献出版社，2010.

［2］ 王世东.食用菌［M］.2版.北京：中国农业大学出版社，2010.

［3］ 国淑梅，牛贞福.食用菌高效栽培［M］.北京：机械工业出版社，2016.

［4］ 牛贞福，刘文宝.食用菌生产技术［M］.济南：济南出版社，2019.

［5］ 国淑梅，牛贞福.食用菌高效栽培关键技术［M］.北京：机械工业出版社，2020.

［6］ 牛贞福，赵淑芳.平菇类珍稀菌高效栽培［M］.北京：机械工业出版社，2016.

［7］ 牛贞福，晁岳江.耳类珍稀菌高效栽培［M］.北京：机械工业出版社，2016.

［8］ 牛贞福，国淑梅.图说木耳高效栽培［M］.北京：机械工业出版社，2018.

［9］ 王伯彻.食用菌创新生技产业面面观［J］.食药用菌，2019，27（4）：231-236.

［10］ 周思菊，秦义勇，秦忠明，等.冬季短段木灵芝栽培技术规程［J］.中国食用菌，2019，38（3）：101-102，106.

［11］ 黄毅.灵芝工厂化栽培之我见［J］.食药用菌，2017，25（1）：20-23.

［12］ 王美玲，赵世明，律凤霞.灵芝盆景制作在园艺疗法中的应用研究［J］.中国林副特产，2019（4）：34-36.

［13］ 金鑫，刘宗敏，黄羽佳，等.我国灵芝栽培现状及发展趋势［J］.食药用菌，2016，24（1）：33-37.

［14］ 周州，余梦瑶，江南，等.我国灵芝栽培研究近况及其未来发展趋势探讨［J］.中国食用菌，2017，36（4）：5-7.

［15］ 赵琪.我国羊肚菌产业发展现状、前景及建议［J］.食药用菌，2018，26（3）：148-151，156.

［16］ 倪淑君，张海峰.我国羊肚菌的产业发展［J］.北方园艺，2019（2）：165-167.

［17］ 储甲松，张扬，江本利，等.羊肚菌人工栽培技术的几个误区［J］.中国食用菌，2016，35（5）：86-88.

［18］ 谭方河.羊肚菌人工栽培技术的历史、现状及前景［J］.食药用菌，2016，24（3）：140-144.

［19］ 张亚，刘伟.羊肚菌消费市场的变化对产业结构的影响［J］.食药用菌，

2018，26（3）：135-141.

［20］ 羊晨，魏宝阳.羊肚菌栽培技术及产业发展建议［J］.湖南农业科学，2018（7）：122-126.

［21］ 万鲁长，李晓博，赵敬聪，等.北方地区长根菇大棚地栽周年生产标准化技术［J］.食药用菌，2019，27（2）：135-138.

［22］ 叶雷，刘定权，赵建龙，等.黑皮鸡枞菌工厂化生产关键技术［J］.南方农业，2019，13（31）：8-12.

［23］ 钟祝烂，益志能.长根菇工厂化栽培技术［J］.食用菌，2017，39（2）：51-53.

［24］ 刘瑞璧.长根菇生物学特性及栽培技术要点［J］.食用菌，2017，39（4）：46-47.

［25］ 李传华，尚晓冬，曲明清，等.中国奥德蘑属栽培研究进展［J］.食用菌学报，2011，18（4）：95-98.

［26］ 四川省农业厅.长根菇生产技术规程：DB51/T 1028—2010［S/OL］.成都：［出版者不详］，2010［2023-08-07］.https：//dbba.sacinfo.org.cn/stdDetail/f7a0101c81cf443da3266da59c6a7394.

［27］ 黄良水.猴头菇的历史文化［J］.食药用菌，2018，26（1）：54-56，60.

［28］ 李鹏，王彦鹏，张志成.猴头菇的历史文化溯源与食疗文化［J］.中国食用菌，2019，38（12）：112-114.

［29］ 张宝翠，刘晓鹏，朱玉昌，等.猴头菇的研究进展［J］.食品安全质量检测学报，2019，10（8）：2285-2292.

［30］ 李玉，李巧珍，尚晓冬，等.猴头菇工厂化栽培初探［J］.安徽农学通报，2017，23（7）：64-65.

［31］ 耿铮，李玉，石钰琨，等.猴头菇棚室床架式立体高效栽培技术［J］.中国林副特产，2016（4）：52-53.

［32］ 王敏，韩根锁，侯伟，等.猴头菇生物学特性及优质高产袋式栽培技术［J］.西北园艺（综合），2019（1）：39-40.

［33］ 武风兰.几种常见的猴头菇生理性病害及防治［J］.农家参谋，2019（5）：70.

［34］ 牛贞福，国淑梅，张晓南.整玉米芯林地草菇栽培技术［J］.北方园艺，2012（11）：182-183.

［35］ 牛贞福，刘敏，国淑梅.人工土洞大袋栽培鸡腿菇技术［J］.中国食用菌，2012，31（1）：60，62.

［36］ 贾蕊，刘凤兰.鸡腿菇研究现状及发展前景［J］.食品科学，2006，27（12）：890-894.

［37］ 李正鹏，李玉，周峰，等.大球盖菇工厂化栽培技术［J］.食用菌，2018，

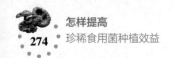
40 (5)：49-50.

[38] 侯俊，贾倩，孟庆国，等.大球盖菇高产关键技术 [J].辽宁农业科学，2017 (1)：89-90.

[39] 陶曙光，邓春海，冀宝营.白灵菇不同发育阶段的活动积温和有效积温 [J].中国食用菌，2016，35 (1)：46-49.

[40] 胡清秀，管道平，延淑杰，等.白灵菇产业发展现状、问题及对策 [J].中国农业资源与区划，2010，31 (5)：71-76.

[41] 吴声华，黄冠中，陈愉萍，等.桑黄的分类及开发前景 [J].菌物研究，2016，14 (4)：187-200，185.

[42] 涂成荣，张和禹，范涛.桑黄的人工栽培与应用研究进展 [J].北方蚕业，2018，39 (2)：9-13.

[43] 李希政.桑黄人工木栽培技术 [J].食用菌，2016，38 (2)：57-58.

[44] 王德明，刘涛，李庆锁.夏津县半地下式棚栽培茶树菇技术 [J].食用菌，2019，41 (5)：62-63.

[45] 魏云辉，胡中娥，张诚，等.南方地区茶树菇无公害栽培技术规程 [J].江西农业学报，2013，25 (12)：32-35.

[46] 陈小保，韦带莲，谭育林.南方茶树菇高产栽培的关键技术 [J].食药用菌，2014，22 (2)：104-105.

[47] 张传华.利用钢架温控菇房周年栽培茶树菇 [J].食药用菌，2016，24 (5)：327-329.

[48] 陈躬国，林原，郑英姿，等.茶树菇周年生长栽培技术 [J].中国食用菌，2012，31 (1)：56-57.

[49] 蔡建林，徐雪玲，罗逢华.灰树花"一筒双收"高产栽培技术 [J].食药用菌，2013，21 (5)：308-309.

[50] 胡建平，吴银华，吴应森，等.灰树花二潮菇非土覆盖栽培技术初报 [J].食用菌，2015，37 (4)：43-44.

[51] 陈丽，叶晓星，胡建平.庆元县提升灰树花产业的措施与成效 [J].食药用菌，2019，27 (6)：374-378.

[52] 王庆武，李秀梅，安秀荣，等.大杯蕈袋栽高产技术 [J].山东农业科学，2013，45 (1)：130-132.

[53] 崔文浩，周爱珠，黄钢，等.大杯蕈秋冬季设施栽培技术 [J].现代农业科技，2018 (20)：89，93.

[54] 牛贞福，国淑梅.利用夏季闲置的蔬菜大棚和菇房栽培猪肚菇 [J].食药用菌，2012，20 (6)：351-353.

[55] 孙艳霞，刘文华.北方山区滑菇栽培技术要点 [J].食用菌，2012，34 (2)：42-43.

［56］ 张恩尧，孙维宏，翁立云，等 . 滑菇半熟料块栽培技术［J］. 辽宁农业职业技术学院学报，2010，12（6）：9-10.

［57］ 杨念福，魏树成 . 滑菇春秋两季出菇栽培技术［J］. 中国林副特产，2007（2）：53-54.

［58］ 阮时珍，李月桂，阮晓东，等 . 滑菇代料高产栽培的技术［J］. 食药用菌，2011，19（5）：36-38.

［59］ 姜建新，徐代贵，王登云，等 . 滑菇工厂化栽培技术［J］. 食用菌，2016，38（6）：48-49.

［60］ 高明月 . 滑菇生产存在问题及探讨［J］. 现代农业，2015（4）：21.

［61］ 高伟 . 滑菇塑料袋熟料高产栽培技术［J］. 食用菌，2010，32（5）：59.

［62］ 马尚飞，孙洪梅 . 滑菇托盘栽培法［J］. 吉林农业，2011（3）：143.

［63］ 赵云莉，许彪，张立萍 . 滑菇无公害生产栽培中的问题及对策［J］. 北京农业，2008（3）：8-9.

［64］ 张开鑫 . 中、高海拔山区滑菇长袋栽培技术［J］. 食药用菌，2015，23（3）：203-204.

书　目

书名	定价	书名	定价
草莓高效栽培	35.00	番茄高效栽培	35.00
棚室草莓高效栽培	29.80	大蒜高效栽培	25.00
草莓病虫害诊治图册（全彩版）	25.00	葱高效栽培	25.00
葡萄病虫害诊治图册（全彩版）	25.00	生姜高效栽培	19.80
葡萄高效栽培	25.00	辣椒高效栽培	25.00
棚室葡萄高效栽培	25.00	棚室黄瓜高效栽培	29.80
苹果高效栽培	22.80	棚室番茄高效栽培	29.80
苹果科学施肥	29.80	图解蔬菜栽培关键技术	65.00
甜樱桃高效栽培	29.80	图说番茄病虫害诊断与防治	25.00
棚室大樱桃高效栽培	25.00	图说黄瓜病虫害诊断与防治	25.00
棚室桃高效栽培	22.80	棚室蔬菜高效栽培	25.00
桃高效栽培关键技术	29.80	图说辣椒病虫害诊断与防治	25.00
棚室甜瓜高效栽培	39.80	图说茄子病虫害诊断与防治	25.00
棚室西瓜高效栽培	35.00	图说玉米病虫害诊断与防治	29.80
果树安全优质生产技术	19.80	图说水稻病虫害诊断与防治	49.80
图说葡萄病虫害诊断与防治	25.00	食用菌高效栽培	39.80
图说樱桃病虫害诊断与防治	25.00	食用菌高效栽培关键技术	39.80
图说苹果病虫害诊断与防治	25.00	平菇类珍稀菌高效栽培	29.80
图说桃病虫害诊断与防治	25.00	耳类珍稀菌高效栽培	26.80
图说枣病虫害诊断与防治	25.00	苦瓜高效栽培（南方本）	19.90
枣高效栽培	23.80	百合高效栽培	25.00
葡萄优质高效栽培	25.00	图说黄秋葵高效栽培（全彩版）	25.00
猕猴桃高效栽培	29.80	马铃薯高效栽培	29.80
无公害苹果高效栽培与管理	29.80	山药高效栽培关键技术	25.00
李杏高效栽培	29.80	玉米科学施肥	29.80
砂糖橘高效栽培	29.80	肥料质量鉴别	29.80
图说桃高效栽培关键技术	25.00	果园无公害科学用药指南	39.80
图说果树整形修剪与栽培管理	59.80	天麻高效栽培	29.80
图解果树栽培与修剪关键技术	65.00	图说三七高效栽培	35.00
图解庭院花木修剪	29.80	图说生姜高效栽培（全彩版）	29.80
板栗高效栽培	25.00	图说西瓜甜瓜病虫害诊断与防治	25.00
核桃高效栽培	25.00	图说苹果高效栽培（全彩版）	29.80
核桃高效栽培关键技术	25.00	图说葡萄高效栽培（全彩版）	45.00
核桃病虫害诊治图册（全彩版）	25.00	图说食用菌高效栽培（全彩版）	39.80
图说猕猴桃高效栽培（全彩版）	39.80	图说木耳高效栽培（全彩版）	39.80
图说鲜食葡萄栽培与周年管理（全彩版）	39.80	图解葡萄整形修剪与栽培月历	35.00
		图解蓝莓整形修剪与栽培月历	35.00
花生高效栽培	25.00	图解柑橘类整形修剪与栽培月历	35.00
茶高效栽培	25.00	图解无花果优质栽培与加工利用	35.00
黄瓜高效栽培	29.80	图解蔬果伴生栽培优势与技巧	45.00